Werkzeuge des Strategischen Controlling

Alexander Zielonka

Werkzeuge des Strategischen Controlling

Cuvillier Verlag Göttingen
Internationaler wissenschaftlicher Fachverlag

Bibliografische Information der Deutschen Nationalbibliothek
Die Deutsche Nationalbibliothek verzeichnet diese Publikation in der
Deutschen Nationalbibliografie; detaillierte bibliografische Daten sind im Internet
über http://dnb.d-nb.de abrufbar.
1. Aufl. - Göttingen: Cuvillier, 2017

Nonnenstieg 8, 37075 Göttingen
Telefon: 0551-54724-0
Telefax: 0551-54724-21
www.cuvillier.de

1. Auflage, 2017
Gedruckt auf umweltfreundlichem, säurefreiem Papier aus nachhaltiger Forstwirtschaft.

ISBN 978-3-7369-9653-3
eISBN 978-3-7369-8653-4

Gliederung

Controlling - Eine Reise von A nach B

Nach außen orientierte, langfristige (1 bis 5 Jahre) Strategie: Was muss getan werden um erfolgreich zu sein/ zu bleiben?
- Marktanalyse
- Kundenanalyse
- Unternehmenskultur
- Kostensenkungen

⇨ Die richtigen Dinge tun

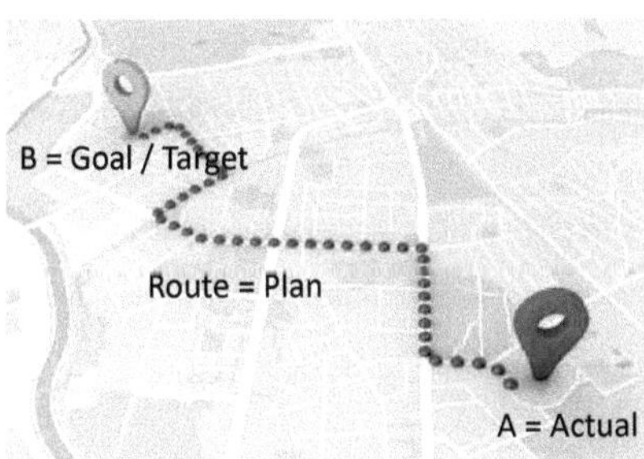

Nach innen orientiertes, kurzfristiges (1 Jahr) operatives Controlling: Wird die ausgewählte Strategie korrekt implementiert?
- Bilanz & GuV
- Kostenrechnung
- Break-Even Analyse
- Deckungsbeitrag
- Abweichungsanalyse

⇨ Die Dinge richtig tun

Definition Performance Measurement

- *The process of collecting, analyzing and/or reporting information regarding the performance of an individual, group, organization, system or component.* (Upadhaya, B., Munir, R., & Blount, Y., 2014)
- Organisation = zielorientiertes System
  - Der Begriff "Organisation" stammt vom griechischen Wort "organon" (Organ).
  - A social unit of people that is structured and managed to meet a need or to pursue collective goals. (http://www.businessdictionary.com/definition/organization.html)
- Performance = Leistung = ergebnisorientiert

Positioning

- In welchem Segment / Nische können Sie erster sein? Können Sie eine neue Nische erschaffen?
- Wie können Sie anders als die anderen Anbieter sein?
- Welches Problem Ihrer potentiellen Kunden soll Ihr(e) Produkt / Dienstleistung lösen?
- Welche Bedürfnisse befriedigt Ihr(e) Produkt / Dienstleistung und welchen Mehrwert schafft es für Ihre potentiellen Kunden?
- Wie soll Ihr Unternehmen und Ihr(e) Produkt / Dienstleistung heißen?
- Wie machen Sie Ihr Unternehmen und Ihr(e) Produkt / Dienstleistung bekannt?

Praktische Beispiele für erfolgreiches Positioning

Performance Measurement & Management

- "Management ist der Beruf des Resultate-Erzielens oder Resultate-Erwirkens. Der Prüfstein ist das Erreichen von Zielen und die Erfüllung von Aufgaben." (Malik, 2001)
- "Führung als Prozess umfasst die zielorientierte Willensbildung und Willensdurchsetzung gegenüber anderen Personen." (Alter, 2011)
- Die Phasen des Managements umfassen:
  - Planung: Welche Ziele sollen wie erreicht werden?
  - Steuerung: Welche Aktivitäten sollen von wem durchgeführt werden?
  - Kontrolle: Entspricht der angestrebte Soll-Wert dem tatsächlichen Ist-Wert, bzw. dem voraussichtlich eintretenden Wert?

Performance Measurement: Ziele & Aktionen

- Ziele = angestrebte Soll-Zustände: Was soll erreicht werden?
- Probleme = ungewünschte Abweichungen zwischen Ziel (Soll) und aktueller Situation (Ist) oder zukünftiger Situation (Wird)
- Alternativen = unterschiedliche Handlungsmöglichkeiten, die prinzipielle geeignet sind, ein gegebenes Problem zu lösen
- Entscheidung = Auswahl einer Aktion aus einer Menge verfügbarer Maßnahmen (Handlungsmöglichkeiten) unter Berücksichtigung möglicher Umweltzustände (Gabler Wirtschaftslexikon)

Aufgaben und Elemente eines Performance Measurement Systems

- Wie lauten die **strategischen Ziele** des **Unternehmens**?
- Welche **Chancen** und **Risiken** bietet das Umfeld und welche **Stärken** und **Schwächen** besitzt das Unternehmen im Rahmen der strategischen Analyse und Prognose?
- Wie lauten die **Ziele der Adressaten** eines **Unternehmens**?
- Welche **Leistungskennzahlen**, die neben den finanziellen auch strategische Aspekte (z.B. Kundenzufriedenheit) abbilden, lege ich zugrunde und wie lassen diese sich für die Beschäftigten operationalisieren?
- Inwiefern weichen bei der strategischen Kontrolle die **geplanten** Werte (**Soll-Werte**) von den **tatsächlich erreichten Ist-Werten**, bzw. von den prognostizierten Wird-Werten ab? Welche **Ursachen** haben diejenigen Abweichungen, die über die Toleranzschwellen hinausgehen?

Aufgaben und Elemente eines Performance Measurement Systems

- Wie lassen sich die **betrieblichen Anreizsysteme** gestalten, damit durch das zielorientierte Handeln der Belegschaft der Zielerreichungsgrad maximiert wird?
- Welche organisatorischen **Lernaktivitäten** müssen durchgeführt werden, um die Soll-Wert-Abweichungen zu korrigieren und die angestrebten Ziele zu erreichen? Welche Ziele müssen auf Grundlage neuer Informationen modifiziert werden?
- Welche **Informationssysteme** sind notwendig, um die Leistungen zu messen sowie die Abweichungen zu analysieren?
- Wie muss im Rahmen der **Strategieimplementierung** die Aufbau- (Funktionsträger & Aufgaben) sowie die Ablauforganisation (Reportings) der Unternehmung gestaltet sein, um die Leistung bestmöglich zu erfassen?

Strategische Zielplanung

- Strategic Objectives relate to target outcomes that indicate a company is strengthening its market standing, company vitality and future business prospects. (Strategische Ziele i.e.S.)
- Financial Objectives relate to the financial performance targets management has established. (Strategische Wertziele / Ziele i.w.S)
- Die Strategic Objectives müssen so angelegt sein, dass mit ihnen die Financial Objectives erreicht werden können.
- Das Festlegen der strategischen Wertziele umfasst die Entscheidung hinsichtlich:
  - Zielinhalt: Welches Ziel soll erreicht werden?
  - Zielausmaß: In welcher Höhe soll das Ziel erreicht werden?
  - Zeitlicher Bezug: Bis wann soll das Ziel erreicht werden?

Arten von Ziele

Zielkatekorien	Ziele	Detailziele
Leistungs-wirtschaftliche Ziele	Produktziele	• Art und Ausgestaltung der Produkte und Dienstleistungen • Angestrebtes Qualitätsniveau • Sortimentsgestaltung • Mengen- und Wachstumsziele
	Marktziele	• Absatzmärkte (Erschliessung neuer Märkte, Abschöpfung bestehender Märkte) • Marktsegmente (Erschliessung neuer Kundengruppen, Kundenbindung) • Marktstellung (Marktanteilziele) • Absatz-/Umsatzziele
Finaz-wirtschaftliche Ziele	Liquiditätsziele	• Zahlungsbereitschaft • Liquiditätsreserven
	Ertragsziele	• Reingewinn • Cash-Flow (Mehrwert, Deckungsbeitrag) • Rentabilität (Gewinn im Verhältnis zum Umsatz, Eigenkapital usw.)
	Sicherheitsziele	• Finanzierung • Risikodeckung
Soziale Ziele	Mitarbeiter- bezogene Ziele	• Arbeitsbedingungen • Qualifikation und Förderung • Soziale Sicherheit
	Gesellschafts-bezogene Ziele	• Ökologisches Engagement • Kulturelles Engagement • Engagement in Politik und Verbänden • Soziales Engagement

Strategische Zielplanung: Zielinhalt

Welches Ziel soll erreicht werden?

- Notwendiges Ziel: Liquidität
- Nebenziel: Sicherheit
- Monetäres Hauptziel der Unternehmenseigentümer: Wertsteigerung, z.B. Steigerung des Shareholder Value: Anstieg des Eigenkapital-Marktwertes
  - „Shareholder value is the value delivered to shareholders because of management's ability to grow sales, earnings and free cash flow over time. A company's shareholder value depends on strategic decisions made by senior management, including the ability to make wise investments and generate a healthy return on invested capital. If this value is created over the long term, the share price increases and the company can pay larger cash dividends to shareholders." (Source: Investopedia)

Zusammenhang Gewinn / Kurswert

Aktienemission: Grundwert im Eigenkapital = Nennwert der Aktie * Anzahl der ausstehenden Aktien

Erwartungen der Aktieninhaber (Shareholder)

Gewinn	Verlust
Kauf	Verkauf
Kurswert (Marktkapitalisierung) steigt	Kurswert (Marktkapitalisierung) sinkt

- Ausgabe weiterer Aktien möglich
- Banken geben FK zu besseren Konditionen
- Feindliche Übernahme unwahrscheinlich
- Wachstum durch Gewinnthesaurierung
- Dividendenzahlung durch Gewinnausschüttung

- Keine Ausgabe weiterer Aktien
- Banken geben kein FK mehr
- Feindliche Übernahme von Investoren
- Anleger müssen Anteile auf den niedrigeren beizulegenden Wert abschreiben
- Keine Dividenden & Kursverluste

Zielinhalt: Shareholder Value

- Die Erhöhung des Shareholder Values führt zu einer Erhöhung des Eigenkapitals der AG.
- Je höher der Jahresüberschuss (**Gewinn**), umso mehr Dividende kann die AG an die Anteilseigner auszahlen und umso mehr kann sie für künftige (Erweiterungs)Investitionen oder zur Schuldentilgung einbehalten.
- EPS (Earnings per Share) = Jahresüberschuss / Anzahl der ausstehenden Aktien
- Shareholder Value = diskontierter zukünftiger Cashflow + Residualwert – Fremdkapital
- Die Diskontierung des Cashflows erfolg mithilfe des WACC (Weighted Average Cost of Capital), dem gewichteten Kapitalkostensatz aus Eigen- und Fremdkapitalkosten. Dieser Wert stellt außerdem die Mindestrenditeerwartung dar.
- WACC = FK/GK*(1- s)*r_{FK} + EK/GK*r_{EK}
- Total Shareholder Return: Wertzuwachs des eingesetzten Kapitals der Aktieninhaber = Kursanstieg + Dividende

WACC

- WACC = FK/GK*(1- s)*r_{FK} + EK/GK*r_{EK}
- WACC drückt die Kosten aus, die notwendig sind, um das Gesamtkapital eines Unternehmens in Form von Eigenkapital (z.B. durch den Kauf von Aktien durch Investoren) und Fremdkapital (z.B. durch ein Bankdarlehen) zu erhalten.
- EK-Kosten (r_{EK}) = Mindestverzinsung, die die Anteilseigner fordern (Dividende per Aktien / Kurswert per Aktie). Das Unternehmen muss durch seine Geschäftstätigkeit diese geforderte Mindestverzinsung erwirtschaften um sicherzustellen, dass die Anleger auch weiterhin in das Unternehmen investieren.
- FK-Kosten (r_{FK}) = Vertraglich fixierter Nominalzins je Finanzierungsform (z.B. Bankdarlehen) + Opportunitätskosten bei zinsfreiem Fremdkapital (z.B. Pensionsrückstellungen)
- 1-s = Multiplikator zur Berücksichtigung der steuerlichen Abzugsfähigkeit der Fremdkapitalzinsen (GuV-Aufwand)

Quiz: Total Shareholder Return

- Ein Jungunternehmer investiert am 01.01. 100€ in eine Aktie der “NewBusiness Corporation” und verkauft diese am 31.12. desselben Jahres zu einem Wert von 116€. Zwischen dem 01.01. und dem 31.12. desselben Jahres fließen Dividenden in Höhe von 4€. Ermitteln Sie den Total Shareholder Return, den der Jungunternehmer aus dieser Investition umsetzt.
- Kursanstieg = 116€ - 100€ = 16€
- Dividende = 4€
- Gesamter Wertzuwachs = 16€ + 4€ = 20€
- Total Shareholder Return = 20€ / 100€ = 0,2 = 20%

Total Shareholder Return: Einflussfaktoren

- Umsatzwachstum / Kostensenkung: Durch die Erhöhung des Umsatzes bei stabilen, bzw. evtl. reduzierten Kosten erhöht sich das Jahresergebnis (Ergebniswachtum)
- Steigerung des EPS: Aufgrund eines höheren Jahresüberschusses hat ein steigender EPS-Wert einen positiven Einfluss auf die Kursentwicklung.
- Erhöhung des Cashflows: Durch die Fähigkeit, aus dem Kerngeschäft Cashflow zu generieren, kann das Unternehmen Investitionen für künftiges Wachstum tätigen sowie Dividenden an die Aktionäre ausschütten.

Total Shareholder Return: Einflussfaktoren

Profitabilität (Rentabilität):

- Rentabilität = Ergebnis / Bezugsgröße
  - Umsatzrentabilität = Gewinn / Umsatz
  - Eigenkapitalrentabilität = Gewinn / Eigenkapital
  - Gesamtkapitalrentabilität = (Gewinn + Fremdkapitalzinsen) / (Eigenkapital + Fremdkapital)
  - Die Rentabilität dient der Beurteilung des wirtschaftlichen Erfolgs. Sie informiert über die Höhe der Verzinsung und damit über die Effizienz unternehmerischen Kapitaleinsatzes.

Rentabilität - Aufgabe

Folgende Bilanzpositionen aus zwei aufeinanderfolgenden Geschäftsjahren sind bekannt:

Aktiva	Bilanz zum 31.12.2004		Passiva
Anlagevermögen	100.000	Eigenkapital	
Umlaufvermögen	70.000	Verbindlichkeiten	130.000

Aktiva	Bilanz zum 31.12.2005		Passiva
Anlagevermögen	120.000	Eigenkapital	
Umlaufvermögen	90.000	Verbindlichkeiten	162.000

Für das Fremdkapital waren in 2005 durchschnittlich 12% p.a. Zinsen zu zahlen.
Privatentnahmen oder -einlagen kamen in 2005 nicht vor.

Wie hoch waren in 2005

a) die Eigenkapitalrentabilität,
b) die Gesamtkapitalrentabilität?

Hinweis:
Fertigen Sie sich als Hilfsmittel zunächst eine Durchschnittsbestände-Bilanz an.

Aktiva	Durchschnittsbestände 2005		Passiva
Anlagevermögen		Eigenkapital	
Umlaufvermögen		Verbindlichkeiten	

Quelle: Burchert, Schneider, Vorfeld (2014): Investition und Finanzierung

Rentabilität - Lösung

Das Eigenkapital ist die Differenz zwischen Vermögen und Verbindlichkeiten, also
EK Ende 2004 = (100.000 + 70.000) – 130.000 = 40.000
EK Ende 2005 = (120.000 + 90.000) – 162.000 = 48.000

Nach Eintrag der fehlenden Positionen sehen die Bilanzen so aus:

Aktiva	Bilanz zum 31.12.2004		Passiva
Anlagevermögen	100.000	Eigenkapital	40.000
Umlaufvermögen	70.000	Verbindlichkeiten	130.000
	170.000		170.000

Aktiva	Bilanz zum 31.12.2005		Passiva
Anlagevermögen	120.000	Eigenkapital	48.000
Umlaufvermögen	90.000	Verbindlichkeiten	162.000
	210.000		210.000

Daraus ergibt sich die Bilanz auf Basis von Durchschnittsbeständen:

Aktiva	Durchschnittsbestände 2005		Passiva
Anlagevermögen	110.000	Eigenkapital	44.000
Umlaufvermögen	80.000	Verbindlichkeiten	146.000
	190.000		190.000

Daraus ergibt sich:

Gewinn in 2005
= Mehrung des Reinvermögens im Verlaufe von 2005
= EK-Mehrung in 2005
= Endbestand EK von 2005 – Anfangsbestand EK von 2005
= 48.000 – 40.000 = 8.000

FK-Zinsen in 2005 = durchschnittlicher FK-Bestand * FK-Zinssatz
= 146.000 * 12% = 17.520

Nun können errechnet werden:

$$R_{EK} = \frac{8.000}{44.000} = 18{,}18\%$$

$$R_{GK} = \frac{8.000 + 17.520}{190.000} = 13{,}43\%$$

Quelle: Burchert, Schneider, Vorfeld (2014): Investition und Finanzierung

Financial-Leverage-Effekt

Der Leverage-Effekt (Hebelwirkung) besagt, dass die Rentabilität des Eigenkapitals mit zunehmendem Verschuldungsgrad steigt, aber nur solange die Rentabilität des Gesamtkapitals über dem Fremdkapitalzinssatz liegt

$$r = i + \frac{FK}{EK} \times (i - k)$$

r	=	Eigenkapitalrentabilität
i	=	Gesamtkapitalrentabilität
k	=	Fremdkapitalzinssatz
FK/EK	=	Verschuldungsgrad

Steigerung der Eigenkapitalrentabilität durch Fremdkapital

Aktiva **Bilanz**	Passiva

Aufwendungen **GuV**	Erträge

Unternehmen X finanziert zunächst seine Aktiva in Höhe von 1M€, die zu 100% aus Anlagevermögen bestehen, vollständig aus eigenem Kapital. Es erwirtschaftet Umsatzerlöse in Höhe von 100k€. Dem gegenüber stehen Abschreibungen in Höhe von 20k€. Wie hoch die Eigenkapitalrentabilität?

Steigerung der Eigenkapitalrentabilität durch Fremdkapital

Aktiva	**Bilanz**		Passiva
AV	1M€	EK	1M€

Aufwendungen	**GuV**		Erträge
AfA	20k€	UE	100k€
Gewinn	80k€		

EK-Rendite = Gewinn / Eigenkapital = 80k€ / 1M€ = 0,08 = 8%

Angenommen, Unternehmen X entscheidet sich dazu, 50% seines Eigenkapitals fremd zu finanzieren. Der Fremdkapitalzinssatz beträgt 5%. Wie hoch ist die Eigenkapitalrendite bei 50% Fremdfinanzierung?

Steigerung der Eigenkapitalrentabilität durch Fremdkapital

Aktiva	**Bilanz**		Passiva
AV	1M€	EK	500k€
		FK	500k€

Aufwendungen	**GuV**		Erträge
AfA	20k€	UE	100k€
FK-Zins	25k€		
Gewinn	55k€		

EK-Rendite = Gewinn / Eigenkapital = 55k€ / 500k€ = 0,11 = 11%

Das Fremdkapital "hebelt" die Eigenkapitalrendite um 3% nach oben.

=> **Financial Leverage**

Grenze des Leverage-Effekts

In unserem Beispiel:

- Eigen-(Gesamt)kapitalrendite = 8% (vor Aufnahme von FK)
- Fremdkapitalzinssatz = 5%
- Unternehmen X leiht sich Kapital zu 5% und erwirtschaftet damit 8 % Rendite. Die Differenz von 3% kommt dem Unternehmen zugute.
- Läge der Fremdkapitalzinssatz über 8 %, so wäre es ökonomisch nicht sinnvoll, Fremdkapital aufzunehmen.

Quiz

Leverage-Effekt – Anwendung

Reproduktion, Selbständiges Verstehen durch Anwenden	10

1. Aufgabenstellung

Ein Unternehmen beabsichtigt, 10 Mio. Euro in eine neue Fertigungsanlage zu investieren. Der jährlich zu erwartende Gewinn wird Prognoserechnungen zufolge in einer Höhe von 800.000 Euro anfallen. Wie hoch ist die Eigenkapitalrentabilität, wenn die Investition:

a) ausschließlich mit Eigenkapital finanziert wird,

b) zu 20 % mit Eigenkapital und zu 80 % mit einem Kredit finanziert wird und der Kreditzinssatz 6 % beträgt.

c) wie bei b) finanziert wird, der Kreditzins jedoch 12 % beträgt?

d) Für welchen der Fälle werden sich ein risikoaverser bzw. ein risikofreudiger Entscheider in der Unternehmensleitung entscheiden?

Quelle: Burchert, Schneider, Vorfeld (2014): Investition und Finanzierung

Quiz: Lösung

a) EKR = Gewinn/EK = 800.000€ / 10.000.000€ =0,08 = **8%**

b) EK=2M und FK=8M, FK-Zinsen = 480.000€ (8M*0,06), Gewinn= 800.000€ - 480.000€ = 320.000€, EKR= 320.000€/2.000.000€= 0,16= **16%**

c) EK=2M und FK=8M, FK-Zinsen = 960.000€ (8M*0,12), Gewinn= 800.000€-960.000€= -160.000€, EKR=-160.000€/ 2.000.000€= -0,08 = **-8%**

d) Der **risikoaverse** Investor wird **kein FK aufnehmen** => EKR = 8%

Der **risikofreudige** Investor wird diejenige Investition wählen, die **am meisten Rendite** erwirtschaftet => 16%

Kritische Würdigung Shareholder Value Konzept

- Das Shareholder-Value-Konzept weist Mägel auf da die zugrunde liegenden Kennzahlen manipulierbar sind (z.B. durch Prognose der Cashflows und Wahl des Kapitalkostensatzes).
- Nicht-mönetare Kriterien, wie z.B. Image, werden nicht berücksichtigt.
- Die Interessen der übrigen Anspruchsgruppen (Gläubiger, Arbeitnehmer, Kunden, Lieferanten etc.) werden vernachlässigt.
- Um die Kennzahl stets konstant gut aussehen zu lassen, sind Unternehmen gezwungen, immer einen hohen Gewinn und niedrige Kosten auszuweisen. Dies kann zur Unterlassung von notwendigen langfristigen Investitionen führen.

Liquidität

- Die Existenz eines Unternehmens ist gefährdet (Insolvenz), sofern es nicht mehr in der Lage ist, seinen **Zahlungspflichten zu jedem Zeitpunkt und in vollem Umfang nachzukommen.** Daher stellt die Liquidität eine strenge Nebenbedingung des Rentabilität anzusehen.
- Liquidität ist die **Fähigkeit** eines Unternehmens, **jederzeit seine fälligen Zahlungsverpflichtungen zu erfüllen**. In diesem Sinne kann Liquidität mit Zahlungsfähigkeit gleichgesetzt werden. Es gilt folgende Liquiditätsbedingung:
- **Zahlungsmittelbestand + Einzahlungen >= Auszahlungen**

Liquidität

- Ein wichtiges Kriterium für die Liquidität eines Unternehmens ist die Möglichkeit, seine **Aktiva in Geld zu verwandeln**. Die Liquidierbarkeit eines Vermögensgegenstandes ist umso höher, je niedriger die Transaktionskosten sind (z.B. Gebühren, Steuern oder Strafzinsen), die bei der Umwandlung in Geld anfallen, und je geringer die Preisschwankungen des Vermögensgegenstandes im Zeitablauf sind.
- **Einfach liquidierbar** sind z.B. **Bundesanleihen oder Aktien**, die das Unternehmen jederzeit an einer Büse verkaufen kann. Als **wenig liquidierbar** gelten **Immobilien und Produktionsanlagen**.

Kennzahlen der statischen Liquiditätsanalyse

- Die statische Liquiditätsanalyse basiert auf **bilanziellen Bestandsgrößen zu einem bestimmten Stichtag**.
- Aktiva: Je **längerfristig** (kurzfristiger) ein **Vermögensgegenstand gebunden** ist, umso **später** (früher) folgen die entsprechenden **Einzahlungen**.
- Passiva: Je **längerfristig** (kurzfristiger) das **Kapital zur Verfügung** steht, umso **später** (früher) sind die damit verbundenen **Auszahlungen** fällig.
- Goldene Finanzierungsregel: Die Fristigkeit des Kapitals soll der Fristigkeit des damit finanzierten Vermögens entsprechen. Auf keinen Fall sollte kurzfristiges Kapital zur Finanzierung von Vermögensgegenständen verwendet werden, die mittel- oder langfristig gebunden sind. Daraus lässt sich ableiten:
- Langfristiges Vermögen / Langfristiges Kapital <= 1
- Kurzfristiges Vermögen / Kurzfristiges Kapital <= 1

Liquiditätsgrade

$$\text{Liquidität 1. Grades} = \frac{\text{Liquide Mittel}}{\text{Kurzfristiges Fremdkapital}}$$

$$= \frac{\text{Kasse} + \text{Bank} + \text{Schecks} + \text{Wertpapiere des Umlaufvermögens}}{\text{Kurzfristiges Fremdkapital}}$$

$$\text{Liquidität 2. Grades} = \frac{\text{Monetäres Umlaufvermögen}}{\text{Kurzfristiges Fremdkapital}} = \frac{\text{Liquide Mittel} + \text{Kurzfristige Forderungen}}{\text{Kurzfristiges Fremdkapital}}$$

$$\text{Liquidität 3. Grades} = \frac{\text{Kurzfristiges Umlaufvermögen}}{\text{Kurzfristiges Fremdkapital}} = \frac{\text{Monetäres Umlaufvermögen} + \text{Vorräte}}{\text{Kurzfristiges Fremdkapital}}$$

Liquiditätsgrade

- Je höher die Liquiditätsgrade sind, desto günstiger fällt die Beurteilung der kurzfristigen statischen Liquidität aus.
- Daumenregel:
  - Die Liquidität 1. Grades sollte 10 bis 30 % betragen
  - Die Liquidität 2. Grades ca. 100 %
  - Liquidität 3. Grades ca. 200 %.
  - Je nach Unternehmen, Branche oder Zeit können andere Werte angemessen sein.
- Problem: die Liquiditätsgrade geben keine zuverlässige Auskunft über die heutige Liquidität, geschweige denn über die künftige Liquiditätskraft des Unternehmens.

Deckungsgrade

- Die Deckungsgrade dienen als mittel- und langfristige Kennzahlen der statischen Liquiditätsanalyse. Es wird zwischen den drei Deckungsgraden A, B und C unterschieden.
- Vermögensgegenstände sind durch fristenkongruentes Kapital zu finanzieren sind

Deckungsgrade

$$\text{Deckungsgrad A} = \frac{\text{Eigenkapital}}{\text{Anlagevermögen}}$$

$$\text{Deckungsgrad B} = \frac{\text{Eigenkapital} + \text{Langfristiges Fremdkapital}}{\text{Anlagevermögen}}$$

$$\text{Deckungsgrad C} = \frac{\text{Eigenkapital} + \text{Langfristiges Fremdkapital}}{\text{Anlagevermögen} + \text{Langfristiges Umlaufvermögen}}$$

Quiz

Vertikale Kapitalstrukturregeln

Reorganisieren, Selbstständiges Verstehen des Wissens	17

1. Aufgabenstellung

Aus der Bilanz des Geschäftsjahres 2011 der Halloren Schokoladenfabrik AG in Halle/Saale (Konzernabschluss) sind die folgenden Daten bekannt:

Eigenkapital	18,48 Mio. Euro
darunter u. a.:	
Gewinnrücklagen	0,11 Mio. Euro
Rückstellungen	2,64 Mio. Euro
darunter u. a.:	
für Pensionen	0,52 Mio. Euro
Verbindlichkeiten	43,12 Mio. Euro
darunter u. a.:	
Kurzfristige Verbindlichkeiten	12,96 Mio. Euro
Langfristige Verbindlichkeiten	30,16 Mio. Euro

Schätzen Sie die Unternehmenssituation unter Anwendung der bezogen auf die gegebenen Größen nutzbaren und Ihnen bekannten vertikalen Kapitalstrukturregeln ein.

Hinweis: EK-Quote, FK-Quote, Verschuldungsgrad, Selbstfinanzierungsgrad

Quelle: Burchert, Schneider, Vorfeld (2014): Investition und Finanzierung

Quiz: Lösung

- EK-Quote = EK / GK = 18,48 / 64,24 = 0,29 (> 0,2 ok)
- FK-Quote = FK / GK = 45,76 / 64,24 = 0,71 (< 0,8 ok)
- Verschuldungsgrad = FK / EK = 45,76 / 18,48 = 2,47 (ca. 2 ok)
- Selbstfinanzierungsgrad = Gewinnrücklagen / EK = 0,11 / 18,48 = 0,0059 (Vorjahreswert notwendig zur Beurteilung. Daumenregel: wenn der SFG steigt, dann kann zukünftig ein höherer Gewinn ausgeschüttet werden)

Quiz

Kapitalstrukturregeln und Finanzkennzahlen

Horizontale Kapitalstrukturregeln

Reorganisieren, Selbstständiges Verstehen des Wissens	**17**

1. Aufgabenstellung

Aus der Bilanz des Geschäftsjahres 2011 der Halloren Schokoladenfabrik AG in Halle/Saale (Konzernabschluss) sind die folgenden Daten bekannt:

Eigenkapital	18,48 Mio. Euro
Rückstellungen	2,64 Mio. Euro
darunter u. a.:	
. für Pensionen	0,52 Mio. Euro
Verbindlichkeiten	43,12 Mio. Euro
darunter u. a.:	
. Kurzfristige Verbindlichkeiten	12,96 Mio. Euro
. Langfristige Verbindlichkeiten	30,16 Mio. Euro
Anlagevermögen	29,76 Mio. Euro
Umlaufvermögen	34,38 Mio. Euro
darunter u. a.:	
. Kurzfristiges Finanzumlaufvermögen	19,28 Mio. Euro
. Flüssige Mittel	6,13 Mio. Euro

Schätzen Sie die Unternehmenssituation unter Anwendung der bezogen auf die gegebenen Größen nutzbaren und Ihnen bekannten horizontalen Kapitalstrukturregeln ein.

Hinweis: Anlagendeckungsgrad A & B, Liquidität 1., 2., & 3. Grades

Quelle: Burchert, Schneider, Vorfeld (2014): Investition und Finanzierung

Quiz: Lösung

- **Goldene Bilanzregel**: Langfristiges Vermögen soll auch langfristig finanziert sein, wobei kurzfristiges Vermögen (Umlaufvermögen) auch kurzfristig finanziert sein kann (Fristenkongruenz):
  - Deckungsgrad A = EK / AV = 18,48 / 29,76 = 0,62 (< 1, nicht fristenkongruent)
  - Deckungsgrad B = (EK + langfr. Verb. + Rückstellungen) / AV = (18,48 + 30,16 + 0,52) / 29,76 = 1,65 (>1 ok)
- Einschätzung des **kurzfristigen Kapitals**:
  - Liquidität 1. Grades = flüssige Mittel / kurzfr. Verb. = 6,13 / 12,96 = 0,47 (> 0,3 ok)
  - Liquidität 2. Grades = flüssige Mittel + kurzfr. Finanz-UV/ kurzfr. Verb. = (6,13 + 19,28) / 12,96 = 1,96 (>1 ok)
  - Liquidität 3. Grades = UV/ kurzfr. Verb. = 34,38 / 12,96 = 2,66 (> 2 ok)

Kennzahlen der dynamischen Liquiditätsanalyse

- Instrumente der dynamischen Liquiditätsanalyse sind in erster Linie Cashflow-Kennzahlen, welche künftige Zahlungsströme aus den Zahlungsströmen der Vergangenheit prognostizieren.
- Cashflow i.w.S. = Überschuss Einzahlungen über Auszahlungen einer Periode
- Ein positiver Cashflow bewirkt eine Erhöhung des Zahlungsmittelbestandes, also des Bargelds und Bankguthabens. Das Volumen der Ein- und Auszahlungen lässt sich ausschließlich unternehmensintern bestimmen.
- Cashflow i.w.S. = operativer Cashflow (Überschuss der zahlungswirksamen Erträge über die zahlungswirksamen Aufwendungen aus der laufenden Geschäftstätigkeit)
- Da nicht alle Ein- und Auszahlungen einer Periode aus dem Jahresabschluss erkennbar sind, sind externe Analysten auf eine indirekte Ermittlung des Cashflows angewiesen.

Cash flow

Schematische Gegenüberstellung

Direkte Methode
Einzahlungen
- Auszahlungen
= cash flow

Contra:
aufwändig, da alle Zahlungsvorgänge erfasst werden müssen
Rechnungswesen liefert in der Regel keine Aufzeichnungen aller Ein- und Auszahlungen

Indirekte Methode
Jahresüberschuss
+ auszahlungsloser Aufwand
- einzahlungsloser Ertrag
= cash flow

Pro:
geringerer Aufwand, da Start mit Nettoergebnis aus G+V;
Korrektur von zahlungsunwirksamen Ertrags- und Aufwandspositionen
Ermittlung cash flow nach IAS meist nach indirekter Methode

Cash flow

Schematisches Beispiel

Gewinn- und Verlustrechnung Jahr 01			
Aufwand	01	Ertrag	01
Materialaufwand	500	Umsatzerlöse	990
Personalaufwand	250	Zinsertrag	10
Pensionsrückstellung	25		
Abschreibungen	50		
Zinsaufwand	75		
Jahresüberschuss	100		
Summe	1.000	Summe	1.000

Direkte Methode	01
Umsatz + Zinsertrag	1.000
- Materialaufwand	- 500
- Personalaufwand	- 250
- Zinsaufwand	- 75
cash flow	175

Indirekte Methode	01
Jahresüberschuss	100
Auszahlg.loser Aufwand	
+ Abschreibungen	+ 50
+ Rückstellungen	+ 25
cash flow	175

Cash Flow - indirekte Ermittlung

Jahresüberschuss/Jahresfehlbetrag

+/– Abschreibungen/Zuschreibungen auf Anlagevermögen

+/– Erhöhung/Auflösung langfristiger Rückstellungen

= Cashflow

- Bei vollständiger Information über die Zahlungswirksamkeit aller Einzelpositionen fuhren der direkte und der indirekte Ermittlungsweg zum selben Ergebnis.

Cash Flow - direkte vs indirekte Ermittlung

- Ein Unternehmen weist in einem Jahr folgende zahlungswirksamen Erträge und Aufwendungen aus:
  - Umsatzerlöse 280
  - Gehälter 80
  - Materialverbrauch 85
  - Zinsaufwendungen 10
  - Steuern 15
- Zahlungsunwirksame Aufwendungen sind:
  - Abschreibungen 30
  - Rückstellungserhöhung 20
- Der Jahresüberschuss ist somit 40

Cash Flow - direkte vs indirekte Ermittlung

- **Direkte Ermittlung:**

  Zahlungswirksame Erträge 280

  – Zahlungswirksame Aufwendungen 190

  = Cashflow 90

- **Indirekte Ermittlung:**

  Jahresüberschuss 40

  + Abschreibungen 30

  + Rückstellungserhöhung 20

  = Cashflow 90

Quiz

Stromgrößenorientierte Finanzkennzahlen

Reorganisieren, Selbstständiges Verstehen des Wissens	**17**

Aufgabenstellung

Aus der Bilanz und der Gewinn- und Verlustrechnung des Geschäftsjahres 2011 der Halloren Schokoladenfabrik AG in Halle/Saale (Konzernabschluss) sind die folgenden Daten bekannt:

Eigenkapital	18,48 Mio. Euro
Rückstellungen (2011)	2,64 Mio. Euro
(2010)	3,11 Mio. Euro
Verbindlichkeiten	43,12 Mio. Euro
darunter u. a.:	
. Kurzfristige Verbindlichkeiten	12,96 Mio. Euro
. Langfristige Verbindlichkeiten	30,16 Mio. Euro
Jahresüberschuss	2,60 Mio. Euro
Abschreibungen	2,83 Mio. Euro
Sachanlagen – Zugänge in 2011	5,65 Mio. Euro
Sachanlagen – Abgänge in 2011	5,35 Mio. Euro

Ermitteln Sie den cash flow sowie die Finanzkennzahlen Entschuldungsdauer, Dynamischer Liquiditätsgrad und Innenfinanzierungsgrad der Investitionen und beurteilen Sie diese.

Quelle: Burchert, Schneider, Vorfeld (2014): Investition und Finanzierung

Quiz: Lösung

- **Cash Flow**:
  - Jahresüberschuss = 2,60 M€
  - + Abschreibungen = 2,83 M€
  - - Rückstellungsdelta = -0,47 M€
  - Cash Flow = 4,96 M€
- **Entschuldungsdauer** = FK / CF = 45,76 / 4,96 = 9,2 Jahre
- **Dynamischer Liquiditätsgrad** = CF / kurzfr. Verb. = 4,96 / 12,96 = 0,38
- **Innenfinanzierungsgrad der Investitionen** =
  CF / Nettoanlageinvestitionen (Delta Sachanlagen) = 4,96 / 0,3 = 16,53

Sicherheit

- Das Sicherheitsziel bezieht sich auf die **Begrenzung finanzieller Risiken**.
- Risiko kann definiert werden als **Gefahr eines möglichen Verlustes**, der sich aus der Abweichung zwischen der tatsächlichen und gewünschten Entwicklung ergibt.
- Unternehmen gehen bewusst Risiken ein, wenn sie damit einen entsprechenden **Mehrwert** schaffen können. Gleichzeitig dürfen die Risiken nicht unbegrenzt sein; vielmehr sind sie unter Beachtung des Rentabilitätsziels und der Liquiditätsbedingung zu optimieren.
- **Hohe Rentabilität** bedeutet in der Regel **geringere Liquidität** und **höheres Risiko**.
- Im Rahmen der Kapitalbeschaffung ist in erster Linie von Bedeutung, wie stark sich das **Leverage-Risiko** durch zunehmende Verschuldung erhöht.
- Bei der Kapitalverwendung ist zu beachten, dass die **Zahlungsüberschüsse aus Investitionen unsicher** und schwankend sind.

Sicherheit

- **Kurzfristige Risiken** treten insbesondere im Zusammenhang mit unterjährigen Geldanlageentscheidungen auf.
- **Langfristig** relevante **Risiken** umfassen einen Zeitraum von mehreren Jahren und folgen aus strategischen Investitions- und Finanzierungsentscheidungen.
- Risiken sind als Kriterien, die die Rentabilitäts- und Liquiditätsziele ergänzen, immer mit einzubeziehen, weil sie den **Fortbestand des gesamten Unternehmens gefährden** können.
- Ein **Risikomanagementsystem** erlaubt eine systematische Identifizierung, Bewertung, Steuerung und Kontrolle von Risiken.

Zielformulierung

Ziele müssen „SMART" formuliert werden

- S = Spezifisch formuliert (so präzise wie möglich)
- M = Messbar
- A = Akzeptiert von, bzw. Ausführbar durch die Adressaten
- R = Realistisch (im Bereich des Möglichen)
- T = Terminiert (klares Datum)

Strategische Analysen und Prognosen

Nach Festlegung der Ziele benötigt das Unternehmen Informationen über das Umfeld und über sich selbst, um zur Zielerreichung die Risiken bewältigen und die Chancen nutzen zu können.

- Analyse: systematische Untersuchung (Messung) zu einem Objekt hinsichtlich seiner aktuellen, bzw. früheren Ausprägung (z.B. Marktanalyse).
- Von Interesse sind vor allem ein Verständnis für die wichtigsten Treibergrößen zu bekommen, sogenannte "key drivers" als unabhängige Variablen. Im Idealfall erhält man nach einer Analyse eine explanatorische Aussage in Form eines Kausalzusammenhangs (Wenn / Je mehr; weniger [unabhängige Variable], dann / umso mehr; weniger [abhängige Variable]). In der Praxis ist es jedoch aufgrund der Vielzahl der Einflussgrößen kaum möglich, definitive Erklärungen zu erhalten, sondern eher quantitative Aussagen für einen gewissen Zeitraum (z.B. Das Marktwachstum betrug in den letzten fünf Jahren 6%.)

Prognose

- Prognose: zukunftsgerichtete Aussagen zu einem Objekt, z.B.: Der Markt xyz wird in den kommenden fünf Jahren um 3% wachsen.
- Eine zukunftsgerichtete Aussage ist immer mit Unsicherheit behaftet, sodass das Risiko einer Abweichung bereits in der Strategieentscheidungsphase mit einkalkuliert werden.
- Quantitative Prognosemethoden:
  - Univariate Verfahren, wie z.B. gleitender Durchschnitt, exponentielle Glättung, Trendextrapolation, leiten zukünftige Werte auf Basis von historischen Datenreihen ab.
  - Multivariate Verfahren, wie z.B. die multiple Regression, leitet Prognosewerte aus Variablen ab, die mit dem Untersuchungsobjekt in einem Kausalzusammenhang stehen.
  - Qualitative Prognosemethoden hingegen basieren auf einer subjektiven Einschätzung der Zukunft, z.B. Delphimethode, Szenariotechnik.

Umfeldanalyse

- In der Regel unterscheidet sich das reale Umfeld vom idealen Umfeld des Unternehmens. Hieraus ergeben sich zum einen Risiken, zum anderen aber auch Chancen.
- Das Mikroumfeld (Branche) besteht vor allem aus den Kunden, den Wettbewerbern, und den Lieferanten
- Das Makroumfeld (generelles Umfeld) besteht z.B. aus der Gesellschaft, der Politik, der Technologie und der Wirtschaft
- Die meisten Unternehmen befinden sich in Märkten, die in engem Wettbewerb mit anderen Anbietern stehen. Aufgrund der technologischen Verzahnung unterschiedlicher Branchen heutzutage, kann es dazu kommen, dass neue Produkte dazu führen, dass Wettbewerber in neue Branchen hineingezogen werden (Beispiel: Navigationsgeräte und Smartphones).

Mikro- und Makroebene

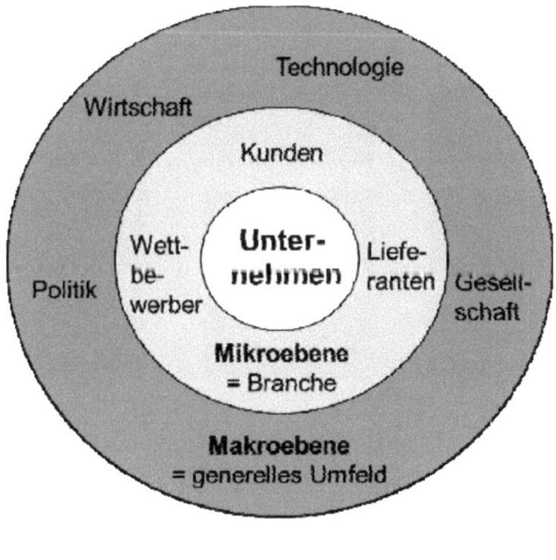

PESTEL-Analyse

Die PESTEL-Analyse segmentiert das Umfeld in sechs Bereiche

P	Political	• Stärke und Richtung regulatorischer Eingriffe • Veränderungen staatlicher Förderschwerpunkte • …
E	Economic	• Zukünftige globale Wachstumsmärkte • Einflüsse der Finanzmärkte (z. B. „Basel II") • …
S	Social	• Veränderungen von Werten und Normen • Demographischer Wandel • …
T	Technical	• Neue Produkttechnologien (z. B. Hochleistungsbatterien) • Neue Fabriktechnologien • …
E	Environmental	• Öffentliche Einstellung zu neuen Technologien • Zukünftige Schwerpunkte im Umweltbereich • …
L	Legal	• Neue Gesetzgebung (z. B. der EU) • Veränderungen im Klageverhalten („Sammelklagen") • …

Quelle: Alter (2013): Strategisches Controlling

Politische Faktoren

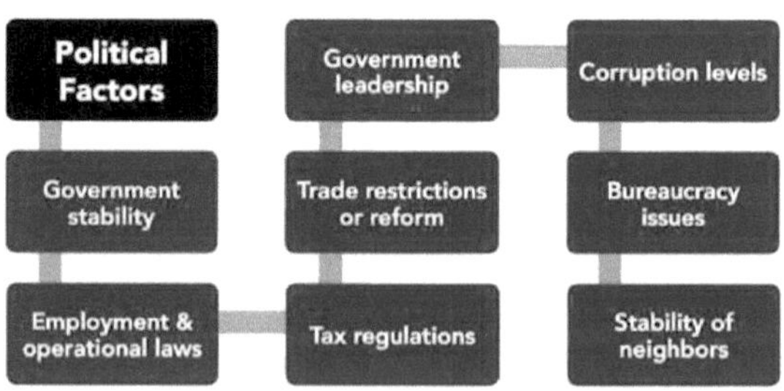

Wirtschaftliche Faktoren

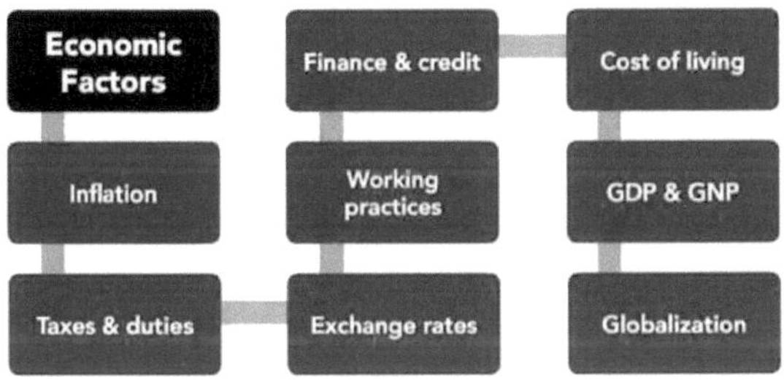

Soziale Faktoren

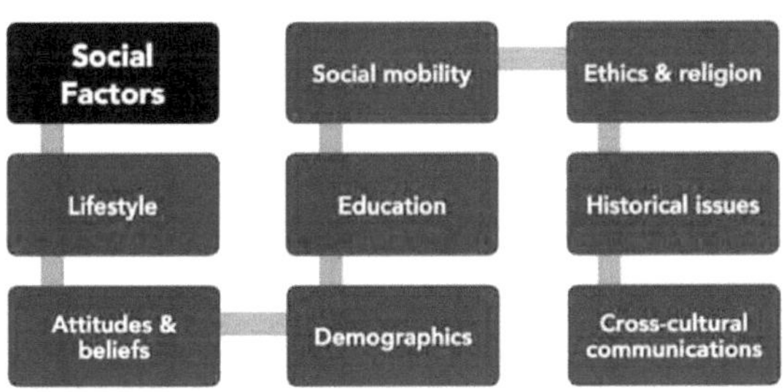

Technologische Faktoren

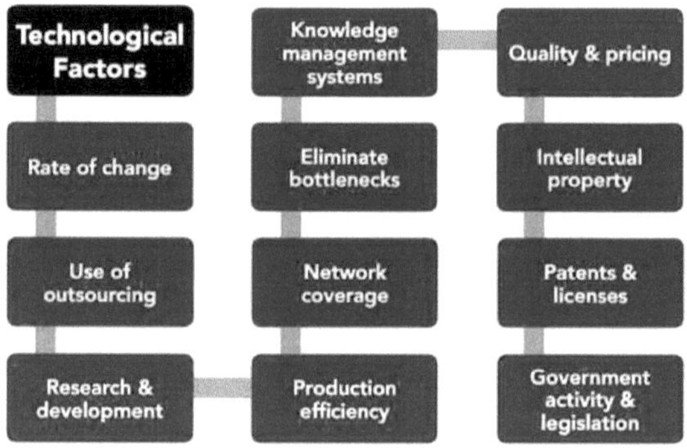

Umweltfaktoren

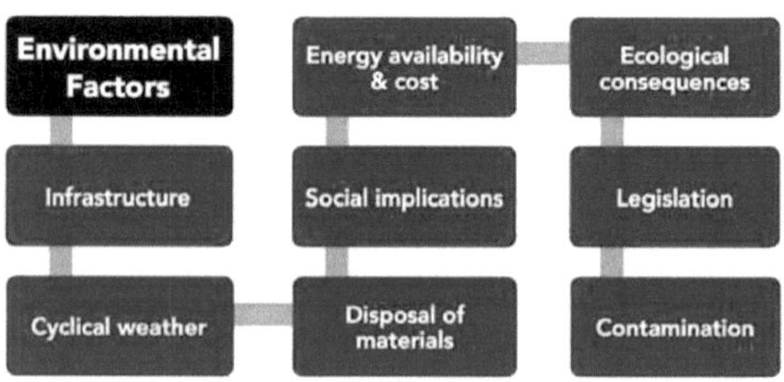

Rechtliche Faktore

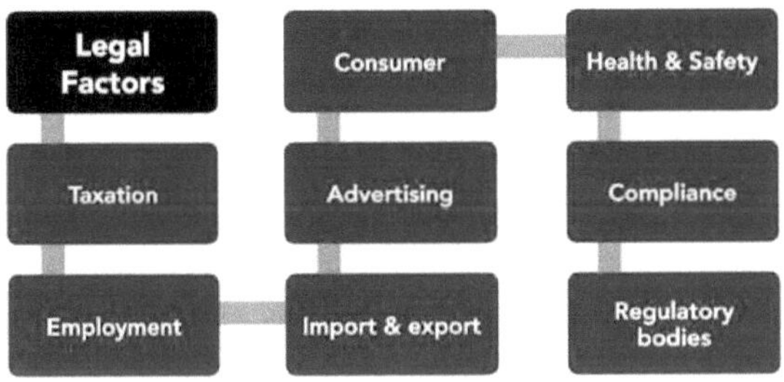

Szenariotechnik

- Die Szenariotechnik dient der Erstellung langfristiger Zukunftsbilder, indem sie auf einem Verständnis der Gegenwart und relevanter Wirkungszusammenhänge aufbaut.
- Die Bilder werden systematisch aus der Gegenwart heraus entwickelt, indem sowohl das Zukunftsbild als auch der Weg dorthin beschrieben wird.
- In Abhängigkeit von Annahmebündeln, einschließlich Trendbruchereignissen, werden unterschiedliche Pfade in die Zukunft und damit alternative Zukunftsbilder erarbeitet.

Schritte der Szenariotechnik

- Definition und Strukturierung des Untersuchungsfeldes
- Identifikation und Strukturierung der wichtigsten Einflussfaktoren und -bereiche
- Formulierung von Deskriptoren, Aufstellung von Projektionen und Annahmen
- Bildung und Auswahl alternativer konsistenter Annahmekombinationen
- Entwicklung und Interpretation der ausgewählten Umfeldszenarien
- Einführung und Auswirkungsanalyse ausgewählter Trendbruchereignisse
- Ausarbeiten der Untersuchungsfeldszenarien bzw. Ableiten von Konsequenzen
- Konzipieren von Umsetzungsplänen

Denkmodell für Szenarien

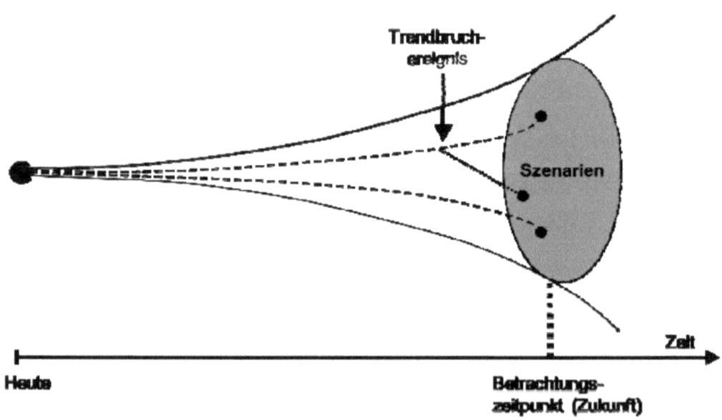

Quelle: Alter (2013): Strategisches Controlling

Five-Forces-Analyse nach Porter

Um die Attraktivität einer Branche (industry) zu beurteilen, hat Porter fünf grundlegende Wettbewerbskräfte identifiziert:

- Bedrohung durch neue Wettbewerber
- Verhandlungsmacht der Kunden
- Bedrohung durch Substitute
- Verhandlungsmacht der Lieferanten
- Rivalität zwischen den Firmen einer Branche

"The strength of the competitive forces affects prices, costs, and the investment required to compete; thus the forces are directly tied to the income statements and balance sheets of industry participants." Porter (2008)

Porter's Five Forces: Bedrohung durch neue Wettbewerber

- Bedrohung durch neue Wettbewerber
- Neue Wettbewerber bringen zusätzliche Kapazitäten in den Markt und verstärken dadurch den Preis- und Innovationsdruck, um Marktanteile zu erlangen.
- Markteintrittsbarrieren:
  - Kostenvorteile etablierter Unternehmen aufgrund der kumulierten Produktionsmenge
  - Wahrnehmung der Größe etablierter Unternehmen von Seiten der Kunden
  - Wechselkosten auf Kundenseite
  - Hoher Kapitalbedarf für Einsteiger
  - Kundenkontakte, Kenntnisse über Kundenanforderungen, Technologien, Zugang zu knappen Rohstoffen
  - Ungleicher Zugang zu Vertriebskanälen (z.B. Lebensmittelhandel)
  - Regulatorische Bedingungen (z.B. Energiewirtschaft)

Porter's Five Forces: Verhandlungsmacht der Kunden

Verhandlungsmacht der Kunden

- Bei einer geringen Anzahl von Kunden und hoher Anzahl von Lieferanten gelingt es den Kunden, Preis- und Konditionenzugeständnisse zu machen.
- Die Verhandlungsmacht der Kunden wird auch dann gestärkt, wenn die Produkte relativ leicht austauschbar sind und für die Lieferanten der Marktaustritt schwierig ist.
- Wenn die Kunden selbst unter Preisdruck stehen geben sie diesen an die Lieferanten weiter. Daher empfiehlt sich eine hochprofitable Branche.
- Wenn das Produkt / die Dienstleistung von besonderer Bedeutung für die Kunden ist, dann sinkt Ihre Verhandlungsmacht ebenfalls.

Porter's Five Forces: Bedrohung durch Substitute

Bedrohung durch Substitute

- Eine leichte Ersetzbarkeit von Produkten reduziert die Attraktivität einer Branche, da Ersatzprodukte den Verkaufspreis deckeln.
- Beispiel für Substitute: Internet-Telefonie vs Festnetz-Telefon, Online-Handel vs Einzelhandel, Chemie basierte Fotografie vs Digitalfotografie, Röhrenfernseher vs Flachbildfernseher
- Substitute erhöhen den Wettbewerbsdruck innerhalb einer Branche aufgrund des Kapazitätsüberhangs durch die Abwanderung der Kunden in Richtung des Substituts.
- Sobald Kunden abwandern, besteht die Gefahr eines Preiskriegs, der meistens zur Folge hat, dass danach die Preise nicht mehr auf das ursprüngliche Niveau angehoben werden können.

Porter's Five Forces: Verhandlungsmacht der Lieferanten

Verhandlungsmacht der Lieferanten

- Eine ausgeprägte Verhandlungsmacht der Lieferanten reduziert die Attraktivität einer Branche.
- Starke Lieferanten tendieren zu Preiserhöhungen, Qualitäts- oder Servicebegrenzungen oder versuchen die Kosten auf die Abnehmer zu verlagern.
- Eine kleine Anzahl von Anbietern, schlecht austauschbare Produkte und hohe Wechselkosten führen zu einer starken Verhandlungsposition für die Lieferanten, da die Alternativen fehlen.

Porter's Five Forces: Rivalität zwischen den Firmen einer Branche

Rivalität zwischen den Firmen einer Branche

- Eine ausgeprägte Rivalität zwischen den Unternehmen einer Branche hat einen negativen Einfluss auf die Branchenattraktivität.
- Eine ausgeprägte Rivalität reduziert die Rentabilität einer Branche.
- Wenn eine große Anzahl an gleich großen Unternehmen in einer Branche agieren, die durch niedriges Wachstum und hohe Austrittsschranken gekennzeichnet ist, resultiert daraus meist ein harter Kampf um Marktanteile.
- Dieser Effekt wird dadurch verstärkt, dass sich die Produkte nur in geringem Maße voneinander unterscheiden und dadurch die Wechselkosten für die Kunden gering sind.

„Five-Forces“ bestimmen nach Porter die Attraktivität einer Branche

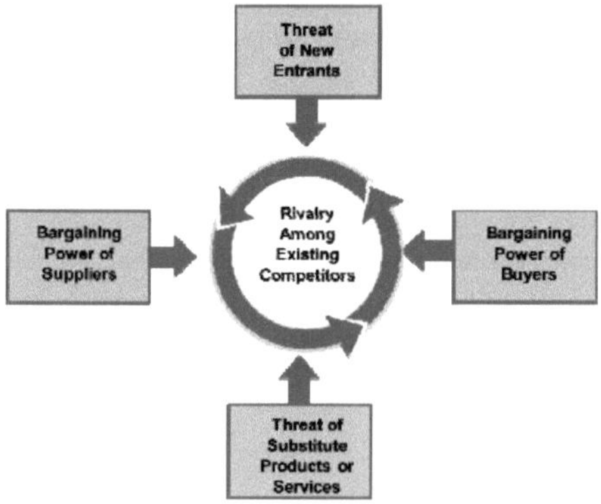

Quelle: Alter (2013): Strategisches Controlling

Branchenentwicklung mittels Analysen und Prognosen

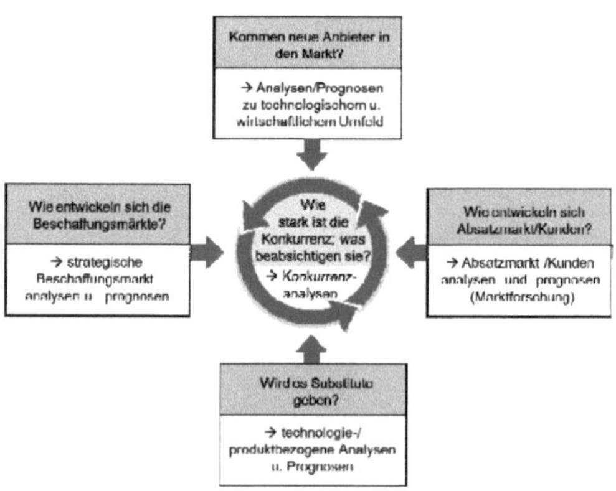

Quelle: Alter (2013): Strategisches Controlling

Quiz

- Nennen Sie mindestens jeweils ein Beispiel für jede der Markteintrittsbarrieren. (z.B. Kostenvorteile für IBM oder HP im IT-Business)
- Nennen Sie mindestens ein Beispiel für eine Kunden-Lieferantenbeziehen, bei der die Kunden eine relativ hohe Verhandlungsmacht besitzen.
- Nennen Sie mindestens fünf Beispiele für cross-industry Substitute. (z.B. Nahflugverkehr vs Bahn)
- Nennen Sie mindestens ein Beispiel für eine Kunden-Lieferantenbeziehen, bei der der Lieferant eine relativ hohe Verhandlungsmacht besitzt.
- Nennen Sie mindestens drei Beispiele für Firmen einer bestimmten Branche, die durch eine hohe Rivalität gekennzeichnet ist.

Martkanalyse

- Gegenstand der Marktanalyse sind Aussagen über aktuelle Größe, Zusammensetzung und Anforderungen von relevanten Märkten, auf deren Basis Marktprognosen zur zukünftigen Entwicklung erstellt werden.
- Marktforschung ist die systematisch betriebene Erforschung (Gewinnung, Aufbereitung, Interpretation von Informationen) der Absatz- und Beschaffungsmärkte eines Unternehmens.

Fragenkatalog zur Marktanalyse

- Welche Märkte können abgegrenzt (segmentiert) werden, um darin Wettbewerbsvorteile aufzubauen?
- Welche Rentabilität weisen diese Märkte heute und in der Zukunft auf?
- Wie groß sind diese Märkte aktuell?
- Wie entwickelt sich die Wachstumsdynamik? Ist bereits eine Sättigung erkennbar?
- Welche Wettbewerber sind heute in diesen Märkten vertreten, mit welchen ist in Zukunft zu rechnen?
- Wie kann sich das Unternehmen in den Märkten positionieren, z.B. indem Veränderungen in den Märkten genutzt werden?

Gesamtmarkt und Umsatz des Unternehmens bestimmen den Marktanteil

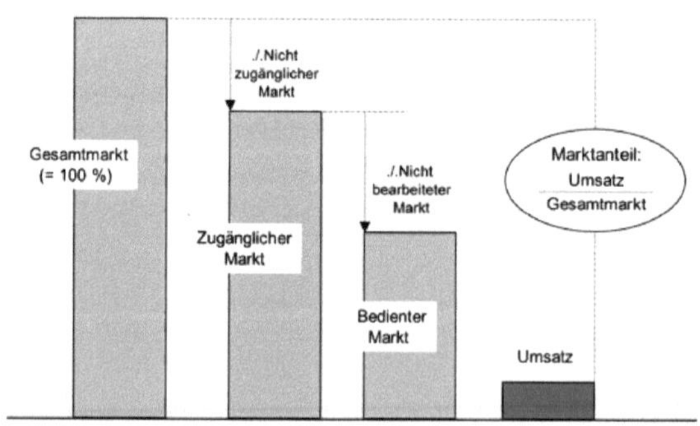

Quelle: Alter (2013): Strategisches Controlling

Segmentierungskriterien dienen zur Bildung homogener Teilmärkte

Segmentierungskriterien für konsumtive Dienstleistungen	Segmentierungskriterien für investive Dienstleistungen
1. Demographische Kriterien - Geschlecht - Alter - Familienlebenszyklus - Geographische Kriterien	1. Branchenbezogene Kriterien - Art der Branche - Konkurrenzintensität - Branchenkonjunktur - Bedarfshäufigkeit der Dienstleistung
2. Sozioökonomische Kriterien - Einkommen - Soziale Schicht - Beruf - Ausbildung - Customer Lifetime Value (CLV)	2. Unternehmensbezogene Kriterien - Umsatzgröße - Mitarbeiterzahl - Dienstleistungstechnologische Ausstattung - Budget für Dienstleistungen
3. Psychologische Kriterien - Motive - Einstellungen - Lifestyle	3. Gruppenbezogene Kriterien - Größe des Einkaufsgremiums - Rollenverteilung (Entscheider, Nutzer, usw.) - Arbeitsaufteilung
4. Verhaltenskriterien - Dienstleistungsbezogene Kriterien - Kommunikationsbezogene Kriterien - Preisbezogene Kriterien - Einkaufsstättenbezogene Kriterien	4. Personenbezogene Kriterien - Demographische Kriterien - Sozioökonomische Kriterien - Psychologische Kriterien - Verhaltenskriterien

Quelle: Alter (2013): Strategisches Controlling

Beispiel zur Identifizierung attraktiver Ländermärkte durch Filterung

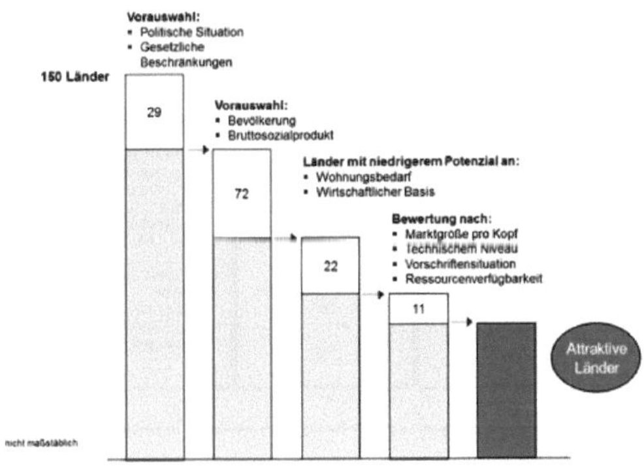

Quelle: Alter (2013): Strategisches Controlling

Kundenanalyse und Kundenprognose

- Die Kundenanalyse untersucht die aktuellen sowie potenzielle neuer Abnehmer der Produkte / Dienstleistungen des Unternehmens (z. B. hinsichtlich Produktbedarf, Entscheiderstruktur, Finanzsituation). Auf Basis der Analyseinformationen sind entsprechende Prognosen zu erstellen.
- Ziel ist es, die aktuelle und die zukünftige Attraktivität von Kunden systematisch zu ermitteln.
- Der Kundenwert beinhaltet alle Wertbeiträge der Kunden zur Erreichung der Unternehmensziele.
- Welchen Wertbeitrag leisten die Kunden des Unternehmens heute?
- Welches Potential für den Wertbeitrag besteht zukünftig?
- Welche noch nicht bedienten Kunden existieren in den Märkten des Unternehmens und mit welchen ist in Zukunft zu rechnen? Wie attraktiv sind diese Kunden?

Bewertung der Kundenbeziehung

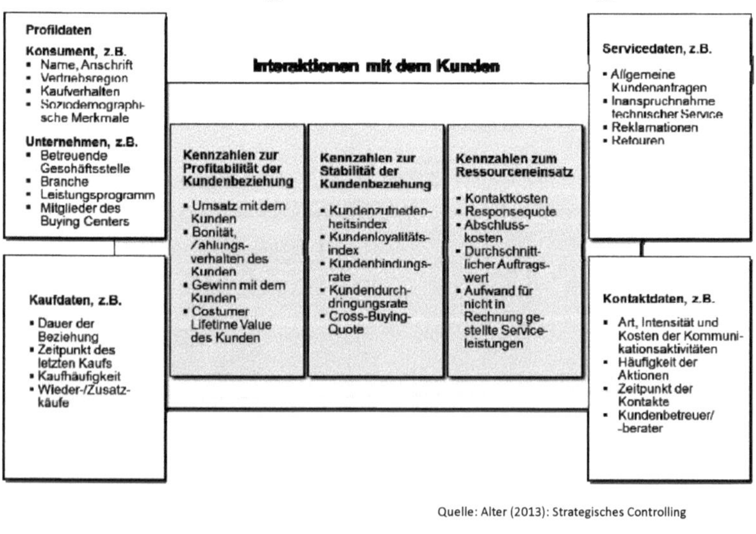

Quelle: Alter (2013): Strategisches Controlling

ABC Analyse: eindimensionales Verfahren zur Kundenanalyse

- Gruppe A: Kunden, die 80% des Umsatzes erbringen
- Gruppe B: Kunden, die die nächsten 15% des Umsatzes erbringen
- Gruppe C: Kunden, die die letzten 5% des Umsatzes erbringen

Kunden-Portfolioanalyse: mehrdimensionale Kundenanalyse

- Was bringt der Kunde heute als Wertbeitrag (gegenwartsbezogen)?
- Welches Erfolgspotential hat er in Zukunft (prospektiv)?
- Was trägt der Kunde sonst zur Erreichung der Unternehmensziele bei (indirekte Effekte)?

Erfassung des Kundenwerts

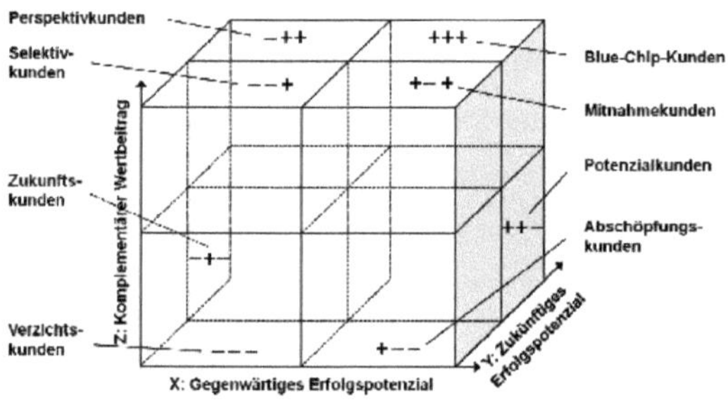

Quelle: Alter (2013): Strategisches Controlling

Beziehungsverlauf einer Kunden-Lieferanten-Beziehung

- Kundenakquisition: In der Akquisitionsphase bauen Sie die Beziehung zu Ihren Kunden auf. Die Beziehungsintensität ist gering und Ihre Profitrate aufgrund hoher Aufwendungen oft negativ.
- Kundendurchdringung: In der Phase der Kundendurchdringung steigt die Beziehungsintensität durch den Aufbau von Vertrauen deutlich an. In dieser Phase schöpfen Sie das Potenzial Ihrer Kunden aus z.B. indem Sie Cross-Selling-Potenziale heben.
- Kundensicherung: Die Phase der Kundensicherung ist die Phase der Kundenbindung-Maßnahmen. Mit ihrer Hilfe stabilisieren Sie die Kundenbeziehung. Sie schieben damit den Rückgang zeitlich hinaus. Ist der Rückgang eingetreten, so versuchen Sie, die Rückgangskurve so flach wie möglich ausfallen zu lassen. (Meffert et al., 2008).
- Die Kostenrelationen zwischen Neukunden-Akquisition, Kunden-Rückgewinnung und Kundenbindung liegen bei 6:3:1. (Winkelmann 2006: 359).

Quelle: http://seventools.at/2012/12/kundenbindung-definition/

Kundenbeziehungs-Lebenszyklus

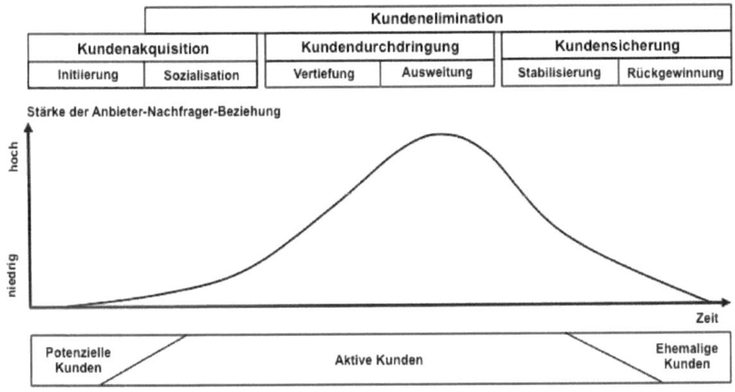

Quelle: http://seventools.at/2012/12/kundenbindung-definition/

Konkurrenzanalyse

- Ziel der Konkurrenzanalyse (Competitive Intelligence) ist es, die aktuelle Situation der Wettbewerber zu verstehen und ihr zukünftiges Verhalten zu antizipieren:
- Wer sind unsere Konkurrenten? Wie hoch sind ihre Marktanteile, Ressourcen etc.?
- Welche Verhaltensweisen zeigen die Wettbewerber heute?
- Mit welchen Verhaltensweisen ist in Zukunft zu rechnen?

Wettbewerberprofil

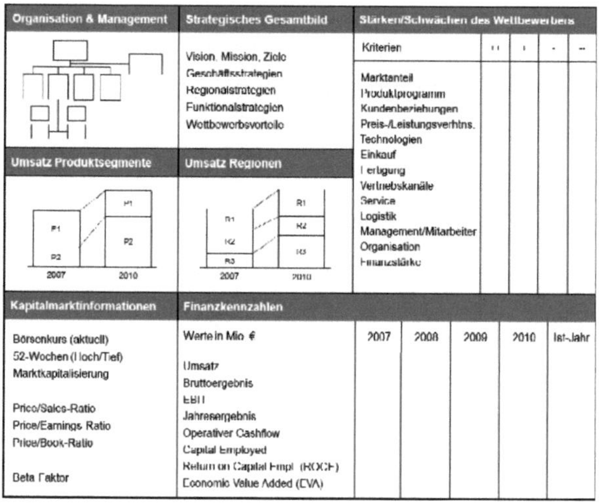

Quelle: Alter (2013): Strategisches Controlling

Reaktionsprofil des Wettbewerbers

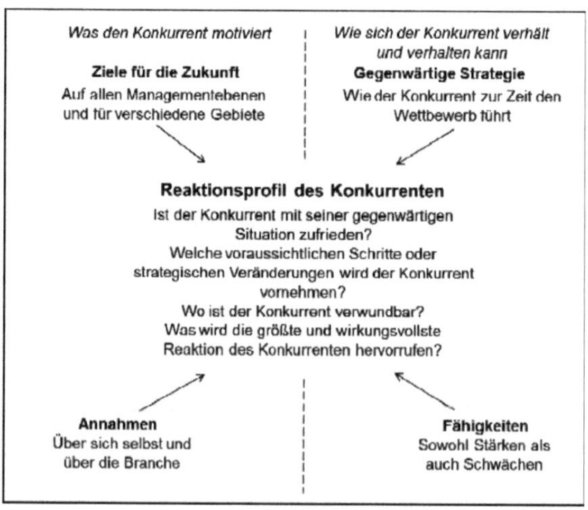

Quelle: Alter (2013): Strategisches Controlling

Benchmarking

- Beim Benchmarking handelt es sich um ein Analysekonzept zur gezielten Identifikation von eigenen Defiziten und möglichen Verbesserungsansätzen durch den direkten Ist-Vergleich mit einem Referenzobjekt (z.B. Wettbewerber):
- Warum ist die Business Unit x vom Konkurrenten profitabler als unsere?
- Wo liegen die Kosten-/Leistungsunterschiede zum Wettbewerberprodukt y und worin sind diese begründet?
- Welcher Prozess z ist beim Wettbewerber etabliert, der zu Effizienzen führt?

Externe Benchmarks

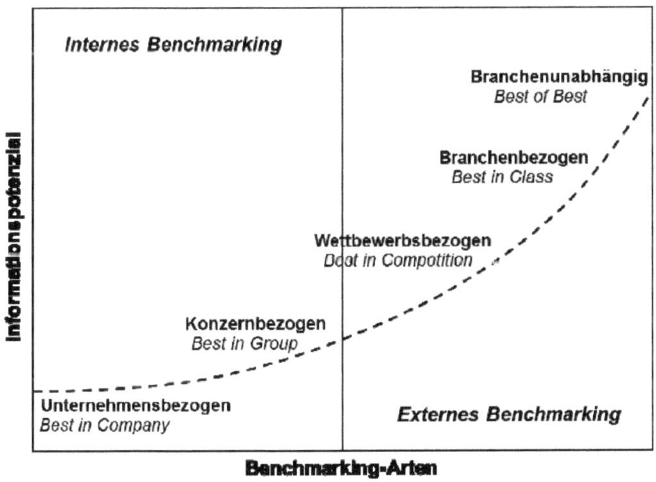

Quelle: Alter (2013): Strategisches Controlling

Kosten-Benchmarking

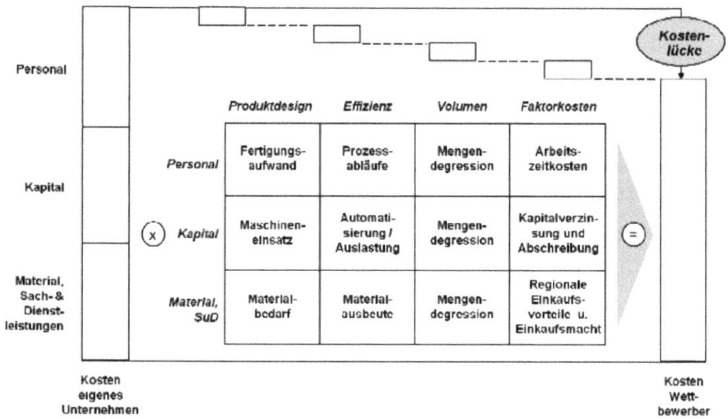

Quelle: Alter (2013): Strategisches Controlling

Fragebogenausschnitt zur Kundenperspektive

Kundenperspektive

Der Teil des Benchmarking-Fragebogens, mit dem die Basisgrößen für die Kundenperspektive ermittelt werden, bezieht ausschließlich interne Größen ein. Die notwendigen Informationen sind in denjenigen Abteilungen/ Organisationseinheiten eines Unternehmens zu erheben, die für den Einkauf, das Marketing und den Vertrieb bzw. das Auftragsmanagement oder das Reklamationsmanagement verantwortlich sind.

	letztes Geschäftsjahr	Bemerkungen
22. Anzahl Kunden (#) Anzahl der Kunden, die einen Auftrag erteilt haben.		
23. Anzahl Neukunden (#) Anzahl der Kunden, die erstmalig einen Auftrag erteilt haben.		
24. Aufwendungen Marketing (Tsd. EUR): Wert aller Aufwendungen für direkte Marketingaktivitäten. Dies beinhaltet Aufwendungen für Marktforschung, Werbung, Verkaufsförderung, Sponsoring sowie Öffentlichkeitsarbeit. Direkte Personalkosten sind nicht zu berücksichtigen.	.000,-€	
25. Aufwendungen Vertrieb (Tsd. EUR): Gehälter des Vertriebspersonals plus jegliche andere Kosten, die im Vertrieb anfallen (z. B. Kosten für die Beförderung von Waren, Reisekosten, Bewirtungskosten, Kosten für Konferenzen und Messen). Lohnnebenkosten sind nicht zu berücksichtigen.	.000,-€	
26. Umsatz über Onlinevertrieb (Tsd. EUR): Wert der Umsatzerlöse, die durch Online-Vertrieb erzielt wurden.	.000,-€	
27. Anzahl erhaltener Aufträge (#): Anzahl eingegangener Aufträge bzw. gestellter Rechnungen (bei Mehrfachaufträgen).		
28. Anzahl Kundenreklamationen (#): Anzahl registrierter Kundenreklamationen.		
29. Anzahl nicht termingerecht ausgelieferter Aufträge (#): Anzahl der Aufträge, die nicht zum vereinbarten Termin ausgeliefert wurden. Dies beinhaltet auch zu früh ausgelieferte Aufträge.		

Quelle: Alter (2013): Strategisches Controlling

Reverse-Engineering

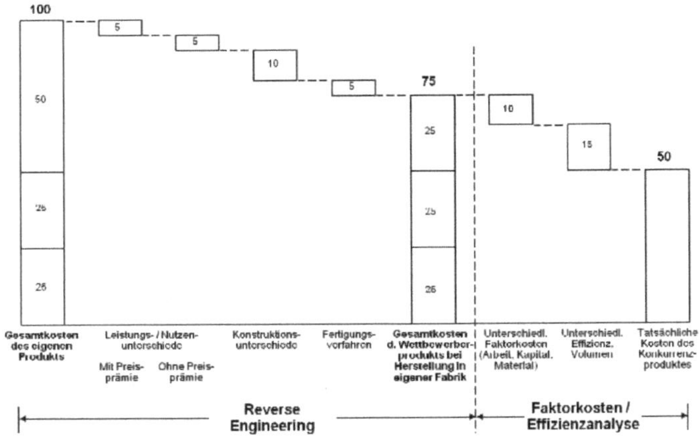

Kernkompetenzen

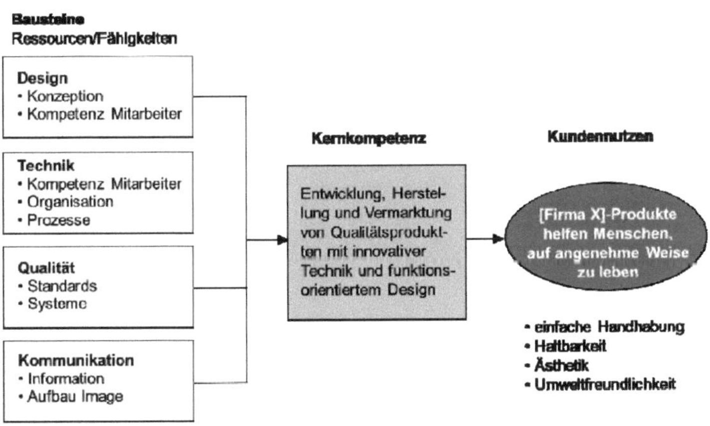

Geschäftsmodell

- Value Proposition:
  „Welchen Nutzen stiftet das Unternehmen für die Kunden?"
- Wertschöpfungsmodell:
  „Wie wird der Nutzen geschaffen, und zwar zu wettbewerbsfähigen Kosten ?"
- Erlösmodell:
  „Wie und von wem wird das Unternehmen für die Leistung bezahlt?"
  - *Ziel des gewählten Geschäftsmodell ist es, den vom Unternehmen gewählten Nutzen so zu erbringen, dass die angestrebten finanziellen Ziele erreicht werden. Voraussetzung hierfür ist die Verfügbarkeit der Kernkompetenzen.*

Erreichen der strategischen Ziele durch das Geschäftsmodell

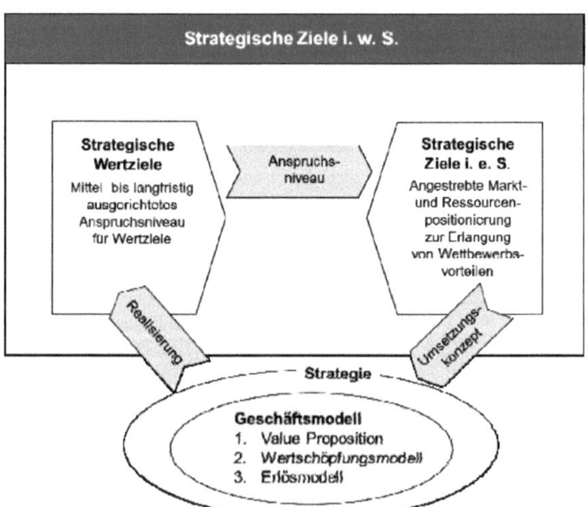

Quelle: Alter (2013): Strategisches Controlling

Wertschöpfungskette nach Porter

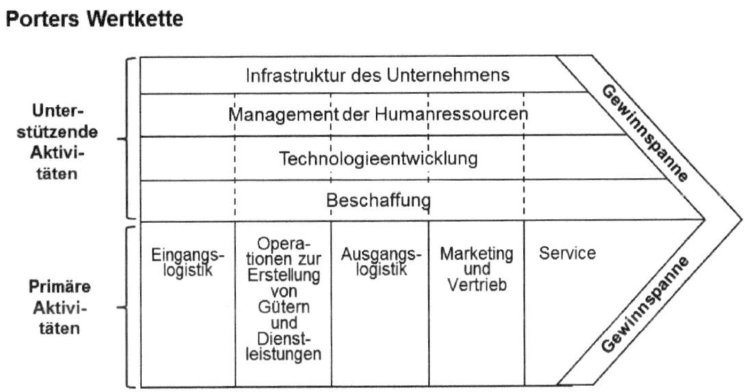

Quelle: Alter (2013): Strategisches Controlling

Erweiterte Wertschöpfungskette

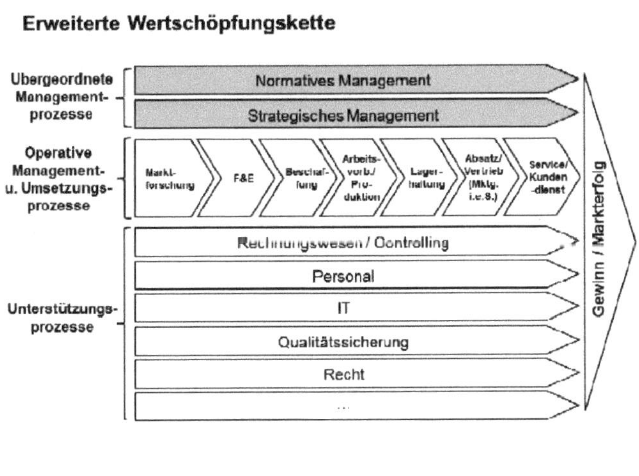

Quelle: Alter (2013): Strategisches Controlling

Checkliste zur Ressourcen- und Fähigkeitsanalyse

Marketing
- Marktleistung
  - Sortiment
    - Breite des Sortiments
    - Tiefe des Sortiments
    - Bedürfniskonformität des Sortiments
  - Qualität
    - Qualität der Hardware Leistungen (Dauerhaftigkeit, Konstanz der Leistung, Fehlerraten, Zuverlässigkeit, Individualität usw.)
      Qualität der Software-Leistungen (Nebenleistungen, Anwendungsberatung, Garantieleistungen, Lieferservice, individuelle Betreuung der Kunden usw.)
    - Qualitätsimage
- Preis
  - Allgemeine Preislage
  - Rabatte, Angebote usw
  - Zahlungskonditionen
- Marktbearbeitung
  - Verkauf
  - Verkaufsförderung
  - Werbung
  - Öffentlichkeitsarbeit
  - Markenpolitik
  - Image (eventuell differenziert nach Produktgruppen)
- Distribution
  - Inländische Absatzorganisation
  - Exportorganisation
  - Lagerbewirtschaftung und Lagerwesen
  - Lieferbereitschaft
  - Transportwesen

Produktion
- Produktionsprogramm
- Vertikale Integration
- Produktionstechnologie
  - Zweckmäßigkeit der Anlagen
  - Modernität der Anlagen
  - Automationsgrad
- Produktionskapazitäten
- Produktivität
- Produktionskosten
- Einkauf und Versorgungssicherheit

Forschung und Entwicklung
- Forschungsaktivitäten und -investitionen
- Entwicklungsaktivitäten und -investitionen
- Leistungsfähigkeit der Forschung
- Leistungsfähigkeit der Entwicklung
  - Verfahrensentwicklung
  - Produktentwicklung
  - Softwareentwicklung
- Forschungs- und Entwicklungs-Know-how
- Patente und Lizenzen

Finanzen
- Kapitalvolumen und Kapitalstruktur
- Stille Reserven
- Finanzierungspotenzial
- Working Capital
- Liquidität
- Kapitalumschlag
- Investitionsintensivität

Innovationsfähigkeit
- Einführung neuer Marktleistungen
- Erschließung neuer Märkte
- Erschließung neuer Absatzkanale

Personal
- Qualitative Leistungsfähigkeit der Mitarbeiter
- Arbeitseinsatz
- Salärpolitik/Sozialleistungen
- Betriebsklima
- Teamgeist/Unité de doctrine
- Unternehmenskultur

Führung und Organisation
- Stand der Planung
- Geschwindigkeit der Entscheide
- Kontrolle
- Qualität und Leistungsfähigkeit der Führungskräfte
- Zweckmäßigkeit der Organisationsstruktur/organisatorische Friktionen
- Innerbetriebliche Kommunikation
- Innerbetriebliche Information
  - Rechnungswesen
  - Marktinformation

Synergiepotenziale
- Marketing, Produktion, Technologie usw.

Know-how in Bezug auf
- Kooperation
- Beteiligungen
- Akquisitionen
- Restrukturierungen

Weitere Faktoren
- Standort
- Realisierung ökologischer Anliegen
- Beziehungen zu öffentlichen Stellen (Lobbying)

Quelle: Alter (2013): Strategisches Controlling

Kompetenz-Geschäftsfeld-Matrix zur Ausrichtung am Markt

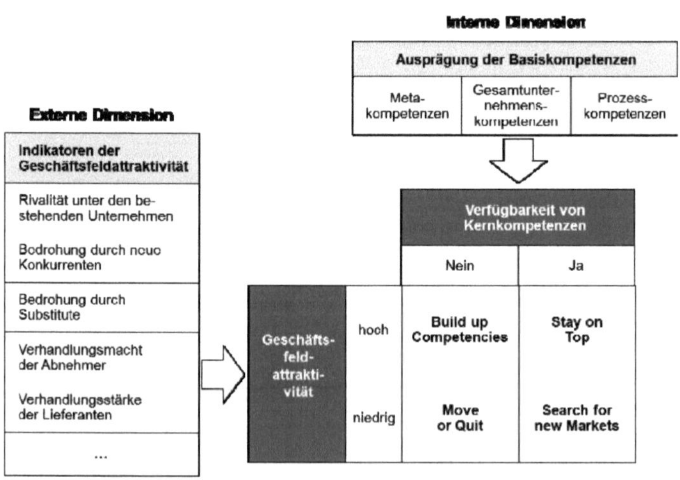

Quelle: Alter (2013): Strategisches Controlling

Portfolioanalyse

- Kombination einer externen Dimension mit einer internen Dimension im Hinblick auf strategische Geschäftsfelder bzw. Geschäftseinheiten.
  Ziel ist das Ermitteln der strategischen Position und das Ableiten von Handlungsalternativen.
- Die externe Dimension ist grundsätzlich vom Unternehmen nicht kontrollierbar. Auf einer qualitativen oder quantitativen Skala wird dazu die Attraktivität der interessierenden Geschäfte gemessen.
- Die interne Dimension bringt die Stärken der Geschäftsfelder bzw. Geschäftseinheiten des Unternehmens zum Ausdruck. Im Gegensatz zur Marktattraktivität ist die Stärke vom Unternehmen beeinflussbar.

Portfolioanalyse: Kombination externer und interner Dimensionen

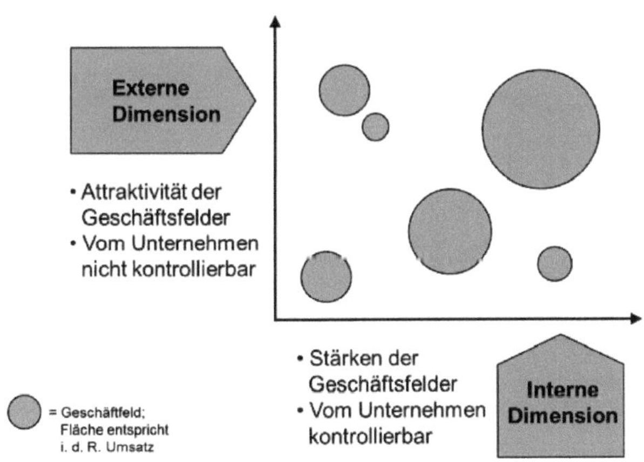

Quelle: Alter (2013): Strategisches Controlling

Das Portfolio der Boston Consulting Group

Das klassische BCG-Portfolio kombiniert zwei Konzepte:

- Externe Dimension: Produktlebenszyklus („Marktwachstum")
  Produkte bzw. Märkte durchlaufen einen Zyklus, der durch unterschiedliche Wachstumsraten gekennzeichnet ist. Auf starkes Wachstum folgt schließlich Sättigung und (zumeist) Rückgang.
  - Marktwachstum = zusätzliches Marktvolumen / Marktvolumen der Vorperiode
- Interne Dimension: Lernkurve („Relativer Marktanteil")
  Die Verdopplung der kumulieren Output-Menge führt durch Lerneffekte jeweils zu einer bestimmten Kostenreduktion. Hohe Marktanteile (im Vergleich zur Konkurrenz) bedeuten dann eine bessere Kostenposition.
  - Relativer Marktanteil = eigenes Absatz-/Umsatzvolumen / Absatz-/Umsatzvolumen des größten Konkurrenten
  - Absoluter Marktanteil = eigenes Absatz-/Umsatzvolumen / Absatz-/Umsatzvolumen des Marktes

Produktlebenszyklus

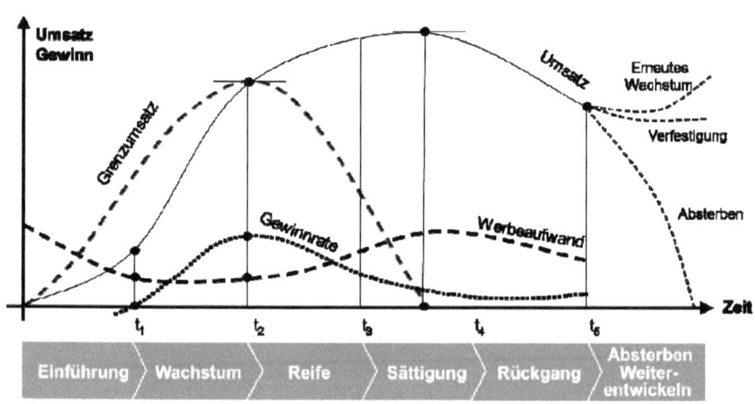

Quelle: Alter (2013): Strategisches Controlling

Lernkurve: Rückgang der Stückkosten mit steigender Produktion

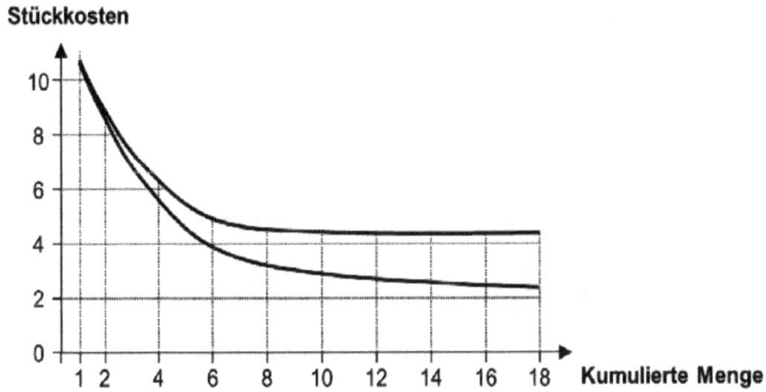

Quelle: Alter (2013): Strategisches Controlling

BCG Matrix in Verbindung mit dem Geschäftsfeldlebenszyklus und der Erfahrungskurve

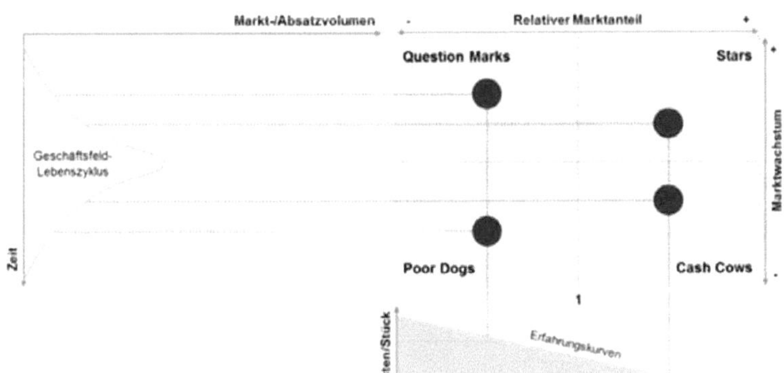

Quelle: http://www.leadvise.de/glossar/innovation/bcg-matrix/

Das Portfolio der Boston Consulting Group

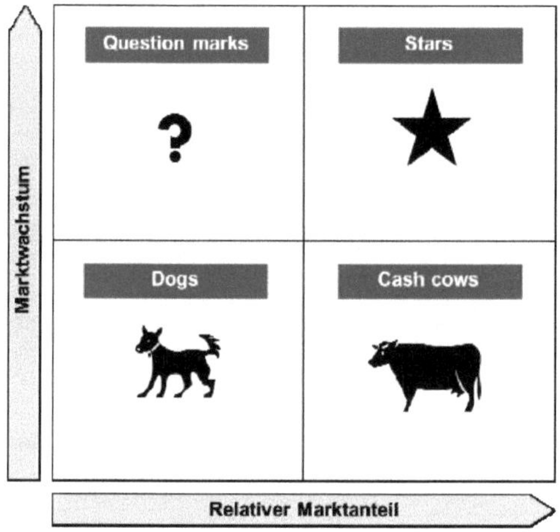

Quelle: Alter (2013): Strategisches Controlling

Die Strategien des Portfolio der Boston Consulting Group

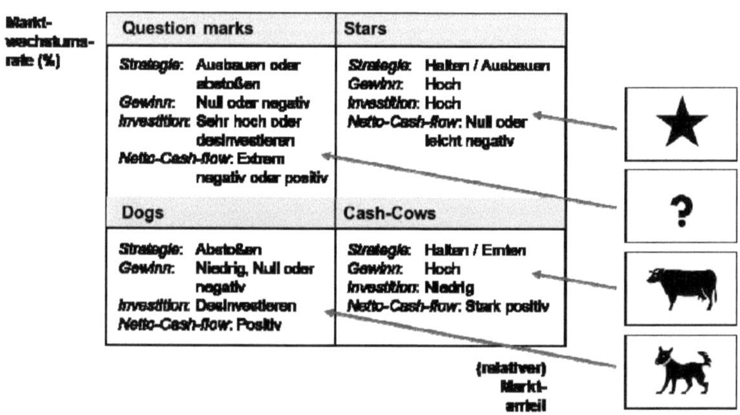

Quelle: Alter (2013): Strategisches Controlling

Quiz

- Im Rahmen Ihres Online Business haben Sie vier verschiedene Dienstleistungen, die auch von der Konkurrenz angeboten wird. Die sich hieraus ergebenden Werte lauten wie folgt:

SGF	Marktvolumen in Mio €	Markt-wachstum in %	Ihr Marktanteil	Ihr Umsatzvolumen	Marktanteil stärkster Konkurrenz in %
A	9.000	2,0	0,8	72.000.000	0,5
B	180	0,5	0,1	180.000	0,2
C	270	15	0,9	2.430	1,2
D	14	43	37,0	5.180.000	10,0

- Erstellen Sie auf der Grundlage der Tabellenwerte ein aussagekräftiges Marktanteils-Marktwachstums- Portfolio in Excel.
- Geben Sie für die verschiedenen Geschäftsfelder jeweils an, welche Normstrategien Sie empfehlen und begründen Sie Ihre jeweilige Empfehlung.
- Bewerten Sie abschließend die Portfolio-Balance.

Quiz: Lösung

- Relative Marktanteil = Ihr Marktanteil / Marktanteil des stärksten Konkurrenten)
- Anteil SGF am Umsatzvolumen (Größe des Kreises) = Ihr Umsatzvolumen pro SGF / Ihr Gesamtumsatzvolumen

SGF	Markt-volumen in Mio €	Markt-wachstum in %	Ihr Marktanteil	Ihr Umsatz-volumen	Marktanteil stärkster Konkurrenz in %	Ihr relativer Marktanteil	Anteil des SGF am Umsatzvolumen in %
A	9.000	2,0	0,8	72.000.000	0,5	1,6 (0,8/0,5)	90,24 (72M€/79,79M)
B	180	0,5	0,1	180.000	0,2	0,5 (0,1/0,2)	0,23 (180T€/79,79M)
C	270	15	0,9	2.430	1,2	0,75 (0,9/1,2)	3,05 (2.43T€/79,79M)
D	14	43	37,0	5.180.000	10,0	3,7 (37,0/10)	6,49 (5.18M€/79,79M)
Gesamt				79.790.000			

Quiz: Lösung

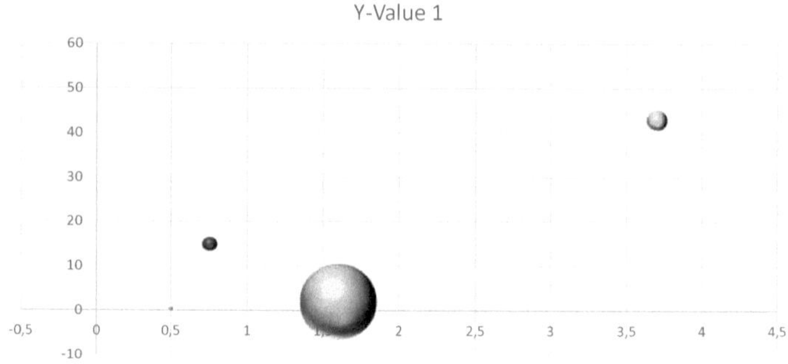

Quiz: Lösung

- D: Star: hoher Investitionsbedarf (weiteres Wachstum, hoher rel. Marktanteil), hoher Mittelzufluss aufgrund günstiger Kostenstruktur (Erfahrungskurve) → Netto Cash flow +/- null → Investitions- und Wachstumsstrategie
- C: Question Mark: noch höherer Investitionsbedarf (weiteres Wachstum, bisher geringer relativer Marktanteil), geringer Mittelzufluss auf- grund ungünstiger Kostenstruktur (Erfahrungskurve) → Netto Cash flow negativ → Investitions- und Wachstums- Strategie oder Rückzug
- A: Cash Cow: geringer Investitionsbedarf (i.d.R. nur noch Ersatz- investitionen), hoher Mittelzufluss aufgrund günstiger Kostenstruktur (Erfahrungskurve) → Netto Cash flow positiv → Desinvestitions- /Abschöpfungsstrategie
- B: Poor Dog: geringer Investitionsbedarf (nur noch geringes Wachstum → Steigerung des rel. Marktanteils nicht mehr sinnvoll, geringer Mittelzufluss aufgrund ungünstiger Kostenstruktur (Erfahrungskurve) → Netto Cash flow +/- null → Desinvestitionsstrategie

Quiz: Lösung

- Auf den ersten Blick erscheint das SGF-Portfolio ausgeglichen. In jedem Portfoliofeld ist ein Geschäftsfeld vorhanden. Die cash cow liefert die nötige Liquidität/Erträge, um die Investitionen in das star- Geschäftsfeld und ggf. in das question-mark-Geschäftsfeld durchführen zu können.
- Problematisch erscheinen jedoch die Umsatzanteile je Geschäftsfeld. Das Geschäftsfeld A ist mit Abstand der Umsatzträger. Nach Ablauf seines Lebenszyklus werden erhebliche Umsatzanteile verloren gehen und die dort gebundenen Ressourcen in andere Geschäftsfelder umzulenken sein.
- Die Geschäftsleitung sollte neue Geschäftsfelder erschließen und zusätzliche Erfolgspotenziale aufbauen oder durch Unternehmenszukäufe entsprechende Zukunftspotenziale generieren. Eine weitere Produkt- und/oder Marktentwicklungsstrategie erscheint angeraten.

Früherkennungssysteme

- Ganzheitliche Instrumente zur Identifikation von Risiken (und prinzipiell auch Chancen) mit zeitlichem Vorlauf, um Spielräume für unternehmerisches Handeln zu erschließen.
- Drei Generationen von Früherkennungssystemen
  - Traditionelle, vergangenheitsorientierte Kennzahlensysteme
  - Indikatorbasierte Früherkennungssysteme
  - Früherkennungssysteme nach dem Konzept der „weak signals“

Stufen von Früherkennungssystemen

Früherkennungs-systeme

- Grundsätzliche Aufgabe:
  Rechtzeitiges Aufzeigen potentiell oder bereits eingetretener interne bzw. externe Gefährdungen des Unternehmens

- Mögliche Stufen strategischer Früherkennung:

1. Stufe	2. Stufe	3. Stufe
Auswertung **vergangenheitsorientierter Kennzahlen** des internen Rechnungswesens	Zusätzlich: Beobachtung und Auswertung **»schwacher Signale«**, die auf bevorstehende strategische Diskontinuitäten hinweisen	Zusätzlich: **Stärkung der Anpassungsfähigkeit** des Unternehmens durch Erweiterung der Wahrnehmungsfähigkeit von Entscheidungträgern und Sensibilisierung für Veränderungen der strategischen Prämissen

Quelle: Weber & Schäffer (2015): Einführung in das Controlling

Mögliche Indikatoren für Beobachtungsfelder

	Beobachtungsfeld	Mögliche Indikatoren
Generelles Umfeld	• Political • Economical • Social • Technological • Environmental • Legal	• Regelungsdichte, Förderschwerpunkte • Regionale BSP-Wachstumsraten • Bevölkerungswachstum, Altersstruktur • Patentanmeldungen neuer Technologien • Immissionsgrenzwerte • Angekündigte neue Gesetze (Effekte)
Branche und ext. Stakeholder	• Kunden • Aktuelle Wettbewerber • Neue Wettbewerber • Substitute • Lieferanten • Banken • …	• Marktanteile von Top-Kunden, Profitabilität • Marktanteile von Top Wettbewerbern • Vor-Investitionen für Markteintritt • Preis/Leistungskennzahlen • Anteil von Single-Sources an Beschaffung • Kreditvergabekriterien • …
Unternehmen	• Marketing/Vertrieb • F&E • Beschaffung • Produktion • Logistik • Personal • Finanzen • IT • Qualitätssicherung • Compliance • …	• Anzahl Gesamtkunden und Neukunden • Zieleinhaltung von F&E-Projekten • Liefertreue von A Lieferanten • Auslastungsgrad; First-Pass-Yield • Liefertreue an Kunden • Qualifikationsstruktur, Fluktuationsrate • → Kennzahlen des Rechnungswesens • Systemverfügbarkeit, IT Eindringversuche • Qualitätskosten • Anzahl von Compliance Verstößen • …

Quelle: Alter (2013): Strategisches Controlling

Das Erkennen schwacher Signale schafft einen Zeitvorteil

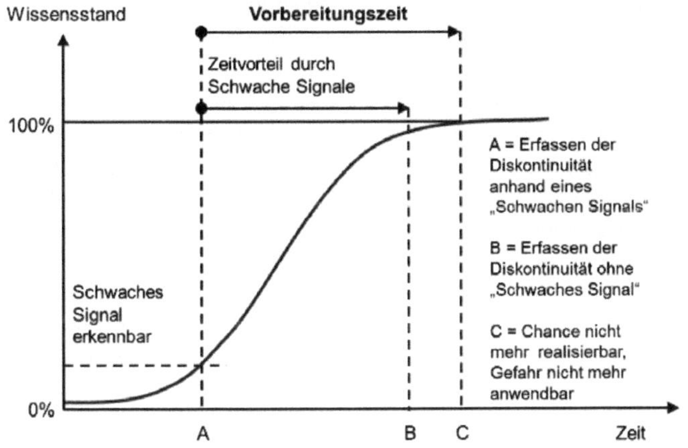

Quelle: Alter (2013): Strategisches Controlling

Basisaktivitäten einer strategischen Frühaufklärung

	ungerichtete Suche	gerichtete Suche	
informal	Das Abtasten nach (schwachen) Signalen außerhalb der Domäne, ohne festen Themenbezug	Das Abtasten nach (schwachen) Signalen innerhalb der Domäne, ohne festen Themenbezug	**Scanning**
formal	Das Abtasten nach (schwachen) Signalen außerhalb der Domäne, mit einem speziellen Themenbezug	Das Abtasten nach (schwachen) Signalen innerhalb der Domäne, mit einem speziellen Themenbezug	
	Die Beobachtung und vertiefende Suche nach Informationen außerhalb der Domäne mit speziellem Themenbezug eines bereits identifizierten Signals	Die Beobachtung und vertiefende Suche nach Informationen innerhalb der Domäne mit speziellem Themenbezug eines bereits identifizierten Signals	**Monitoring**

Quelle: Alter (2013): Strategisches Controlling

Beispiele für schwache Signale

Schwaches Signal	Ergebnis
Fortschritte in der Festkörperphysik in den 1940er Jahre	Ablösung der Röhre durch den Transistor
Zunehmende Leistungsfähigkeit und Standardisierung von Mikroprozessoren	Ablösung von Großrechenanlagen durch Personalcomputer
Glasnost und Perestroika in der ehemaligen Sowjetunion	Zusammenbruch des Ostblocks und Öffnung der Märkte in Osteuropa
Versuche mit Laserantrieb für Weltraumraketen	noch unbekannt, allerdings ist bisheriger Raketenantrieb 1.000 mal teurer
Entwicklung des World Wide Web	Veränderung privater und betrieblicher Kommunikation, Entstehung neuer Geschäftsmodell (Wegfall alter)

Quelle: Alter (2013): Strategisches Controlling

Quellen für schwache Signale

- Häufung gleichartiger Ereignisse mit Unternehmensbezug
- Verbreitung unbekannter Meinungen, Ideen...
  (z.B. in „Science“, „Spektrum der Wissenschaft“ etc.)
- Rechtssprechungstendenzen und Anzeichen für rechtliche Änderungen im In- und Ausland
- Diskussion in privaten oder öffentlichen Foren, Social Media

Das Verbot der Glühbirne durch die EU war mit Vorlauf zu erkennen

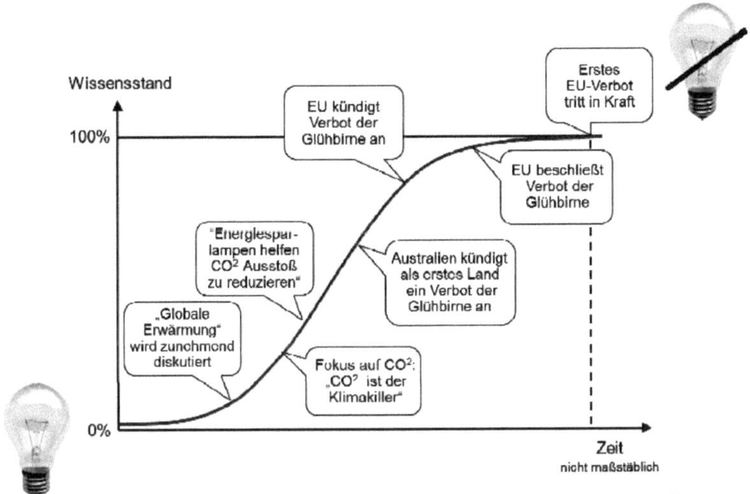

Quelle: Alter (2013): Strategisches Controlling

Mögliche Reaktionsstrategien

	direkte Reaktion	Flexibilität	Aufmerksamkeit / Wahrnehmung
Beziehung zur Umwelt / Reaktion nach außen	*Externe Aktion (strategische Planung und Durchführung)*	*Externe Flexibilität*	*Beobachtung der Umwelt*
	z.B. Betreten neuer Märkte; Risikoverteilung mit anderen Firmen; Sicherung knapper Ressourcen; Desinvestition; Rückzug aus bedrohten Gebieten	z.B. Balance der Lebenszyklen; Machtbalance; Diversifikation der ökonomischen/technischen/sozialen /politischen Diskontinuitäten; Langzeitkontrakte; Risikostreuung	z.B. Prognosen der wirtschaftlichen Entwicklung, des Absatzes der strukturellen/technologischen/sozial en/politischen Entwicklung; Modelle der Umgebung
Interne Struktur / Reaktion nach innen	*Interne Bereitschaft (Kontingenzplanung)*	*Interne Flexibilität*	*Selbstbeobachtung*
	z.B. Eventualpläne; Erwerb von Technologien, Wissen, Fähigkeiten, Ressourcen; Entwicklung von neuen Produkten und Ressourcen; Anpassung der Strukturen und Systeme	z.B. Zukunftsorientierung; Problemlösungsfähigkeit; Risiko- und Wandlungsbereitschaft; Einbau von Elsatizitäten; Diversifikation und Liquidität von Ressourcen	z.B. Leistungsanalyse, Ermittlung der Stärken und Schwächen; Kritikinstanzen für Stand und Entwicklung aller Ressourcen; Finanzierungs- und strategische Modelle

Zeit: Frühe Erkenntnis erhöht den Handlungsspielraum

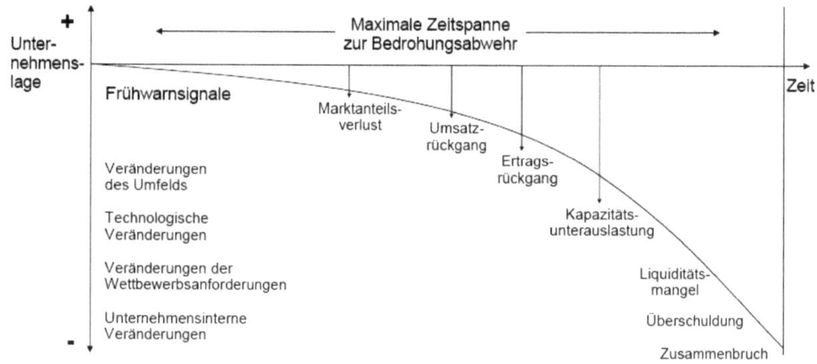

Quelle: Alter (2013): Strategisches Controlling

SWOT-Analyse

Stärken und Schwächen des Unternehmens (Innendimension)
werden den Chancen und Risiken aus dem Unternehmensumfeld (Außendimension)
gegenübergestellt.

- S = Strengths („Stärken“)
- W = Weaknesses („Schwächen“),
- O = Opportunity („Chancen“),
- T = Threats („Risiken“).

Die SWOT-Analyse kombiniert Umwelt- und Unternehmensanalyse

Innendimension: Ressourcen und Fähigkeiten

Außendimension: Makro- und Branchenumwelt

	(S) „Strengths"	(W) „Weaknesses"
(O) „Opportunities"	Haben wir die Stärken, um Chancen zu nutzen?	Welche Chancen verpassen wir wegen unserer Schwächen?
(T) „Threats"	Haben wir die Stärken, um Risiken zu bewältigen?	Welchen Risiken sind wir wegen unserer Schwächen ausgesetzt?

Quelle: Alter (2013): Strategisches Controlling

Die SWOT-Analyse hilft, den „Strategic Fit" zu erreichen

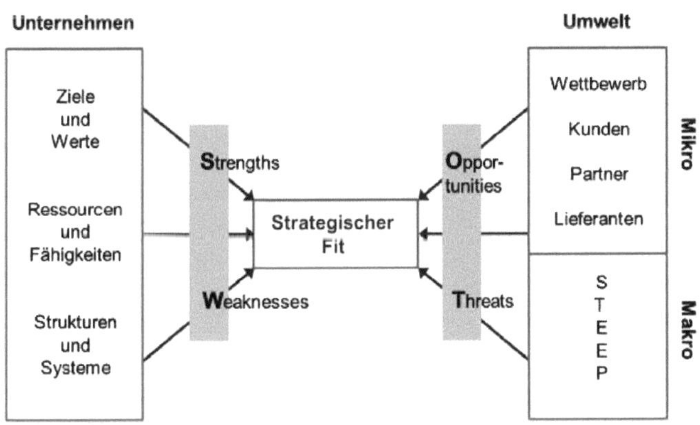

Quelle: Alter (2013): Strategisches Controlling

Aus der SWOT-Analyse resultieren vier Strategierichtungen

Interne Faktoren / Externe Faktoren		Unternehmensorientierung	
		1. 2. 3. 4. 5. … **Auflistung der Stärken (S = Strengths)**	1. 2. 3. 4. 5. … **Auflistung der Schwächen (W = Weaknesses)**
Umweltorientierung	1. 2. 3. 4. 5. … **Auflistung der Chancen (O = Opportunities)**	**1) S-O-Strategien** *„Strategien, die Stärken einsetzen, um Chancen zu nutzen“*	**2) W-O-Strategien** *„Strategien, die Schwächen ausgleichen, um Chancen nutzen zu können“*
	1. 2. 3. 4. 5. … **Auflistung der Risiken (T = Threats)**	**3) S-T-Strategien** *„Strategien, die mit Stärken den Risiken begegnen wollen“*	**4) W-T-Strategien** *„Strategien, die Schwächen angesichts der Risiken minimieren“*

Quelle: Alter (2013): Strategisches Controlling

Erarbeitung von Strategiealternativen

- Wie könnte unser Unternehmen Wettbewerbsvorteile erlangen bzw. verteidigen?“
- Welche Strategien kommen für uns in Frage?
- Welche Strategie ist am erfolgversprechendsten?

Systematisierung nach verschiedenen Kriterien

Kriterium/ Gegenstand	Strategiebezeichnung	Organisatorischer Bereich	
Organisatorischer Geltungsbereich	Corporate Strategy (→Gesamtunternehmen), Business Strategy (→SGE- bzw. Division-Ebene), Functional Strategy (→Funktionen)	Corp.	Bus.
SWOT-Bezug	Strength-Opportunity-Strategie; Weakness-Opportunity-Strategie, Strength-Threat-Strategie, Weakness-Threat-Strategie	X	X
Entwicklungs-richtung/ Mitteleinsatz	Wachstumsstrategie (Investieren; endogen/exogen), Stabilisierungs- und Abschöpfungsstrategien (Halten), Schrumpfungsstrategie (Desinvestieren)	X	X
Geschäftsmodell	Strategie bezogen auf gesamtes Geschäftsmodell oder Teile (Value Proposition-, Wertschöpfungs-, Erlösstrategie)		X
Produkte/Märkte	Marktdurchdringungsstrategie, Markterweiterungsstrategie, Produktentwicklungsstrategie, Diversifikationsstrategie	X Diversifikation	X
Ansatzpunkte für Wettbewerbsvorteile	Kostenführerstrategie, Differenzierungsstrategie, Nischenstrategie		X
Marktverhalten	Angriffsstrategie, Verteidigungsstrategie	(X)	X
Regionale Ausrichtung	Lokale, nationale Strategie Internationale, multinationale, globale, transnationale Strategie	X	X
Grad der Eigenständigkeit	Autonomiestrategie, Kooperationsstrategie	X	X
Wertschöpfungs-kette	Fokussierung, Vorwärtsintegration, Rückwärtsintegration		X
Synergiebezug	Marktorientierte und ressourcenorientierte Synergiestrategien	X	(X)
Zeitkomponente	First-Mover-, Fast-Follower-, Late-Mover-Strategie	(X)	X

Quelle: Alter (2013): Strategisches Controlling

Generische Optionen zu Anfang der Strategiewahl

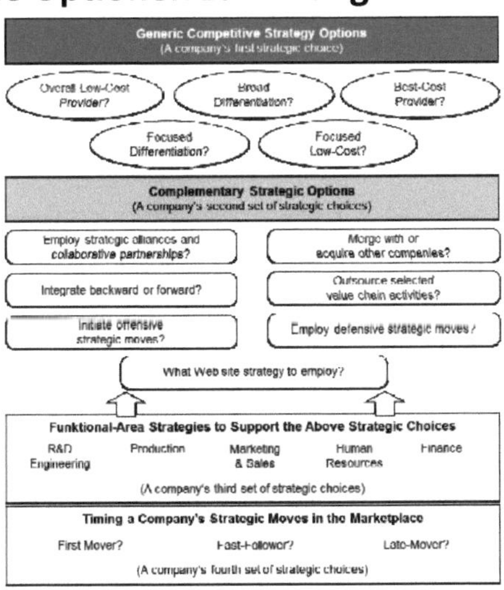

Quelle: Alter (2013): Strategisches Controlling

Wettbewerbsvorteile durch Produktnutzen und Kostenposition

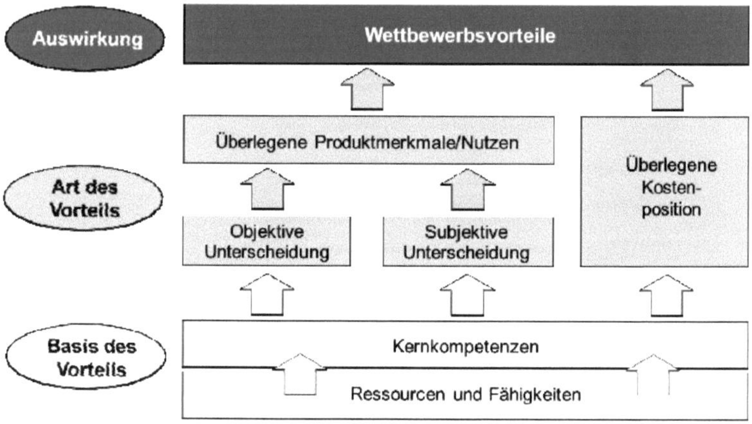

Quelle: Alter (2013): Strategisches Controlling

Beabsichtigte vs. realisierte Strategie

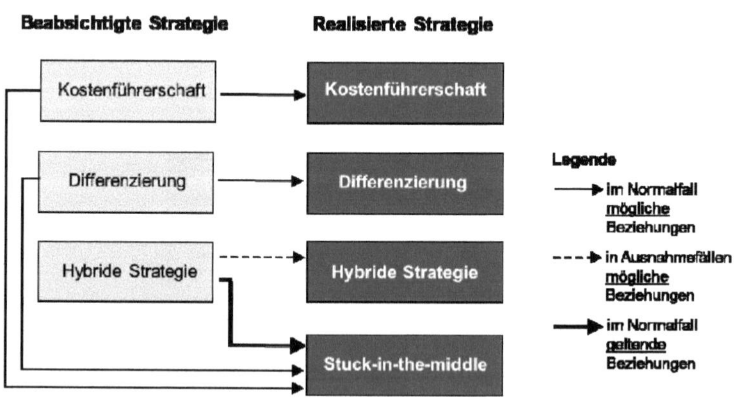

Quelle: Alter (2013): Strategisches Controlling

Die Unternehmensbeispiele skizzieren spezifische Strategien

Ebene/ Unternehmen	Strategie (Gegenstand des Fallbeispiels)
A) Corporate Strategy	
1. VW	Global orientierte Wachstumsstrategie („VW 2018")
2. Siemens	Portfolioumbau (Expansions- und Desinvestitionsstrategie)
3. Hewlett Packard	Exogene Wachstumsstrategie (Erweiterung bestehender Geschäfte)
4. Schuler	Diversifikationsstrategie (Endogener Aufbau eines neuen Geschäftes)
5. Nestlé	Kombiniert endogen/exogene Wachstumsstrategie (Langfristtrends als Grundlage einer Wachstumsstrategie)
6. Q-Cells	Restrukturierung und strategische Neuorientierung
B) Business Strategy	
7. Lidl	Kostenführerschafts- und Expansionsstrategie
8. Rosenbauer	Differenzierungsstrategie/Internationalisierungsstrategie (Aufbau lokaler Wertschöpfung)
9. Simon Hegele	Differenzierungsstrategie/Geschäftsmodellstrategie (Ausbau der Value Proposition)
10. Vapiano	Endogene Wachstumsstrategie (Multiplikation eines erprobten Modells)
11. Rolls Royce	Profit Pool Strategie (Neuprodukte als Hebel für das Servicegeschäft)
12. BMW	Ressourcen- bzw. technologieorientierte Kooperationsstrategie

Quelle: Alter (2013): Strategisches Controlling

Fallbeispiel 1: Global orientierte Wachstumsstrategie

Unternehmen:	Volkswagen AG, Wolfsburg, Deutschland
Branche:	Automobil
Regionale Ausrichtung:	weltweit
Umsatz:	126,9 Mrd. € (2010)
Mitarbeiter:	ca. 400.000
Homepage:	volkswagenag.com

Quelle: Alter (2013): Strategisches Controlling

Fallbeispiel 2: Portfolioumbau

Unternehmen:	Siemens AG, Berlin und München, Deutschland
Branche:	Industrie-, Energie-, Medizintechnik
Regionale Ausrichtung:	weltweit
Umsatz:	76,0 Mrd. € (Geschäftsjahr 2010)
Mitarbeiter:	ca. 405.000
Homepage:	siemens.com

Fit4More 2005 – mid-2007:
Two-pronged strategy successfully implemented
SIEMENS

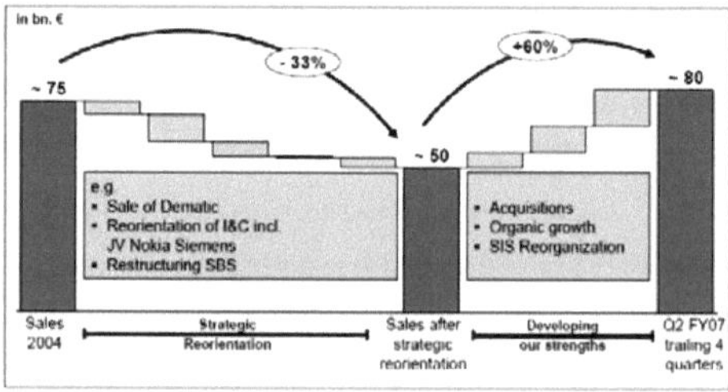

Quelle: Alter (2013): Strategisches Controlling

Fallbeispiel 3: Exogene Wachstumsstrategie

Unternehmen:	Hewlett-Packard, Palo Alto, USA
Branche:	IT-Hardware und -Services, Software
Regionale Ausrichtung:	weltweit
Umsatz:	126,0 Mrd. $ (Geschäftsjahr 2010)
Mitarbeiter:	ca. 304.000
Homepage:	hp.com

Financial news

- Investor Relations
- Stock Information
- Financial Information
- News & Events
  - Investor news
  - HP newsroom
  - Customer wins
  - Calendar of events
  - Archive of past events
- Request Information
- Investor Resources
- Corporate Governance
- Other HP Resources
- Offer Documents

<< Back

HP to Evaluate Strategic Alternatives for Personal Systems Group

Company to explore separating PSG through spin-off or other transaction

PALO ALTO, Calif., Aug 18, 2011 (BUSINESS WIRE) -- HP (NYSE HPQ) today announced that its board of directors has authorized the evaluation of strategic alternatives for its Personal Systems Group (PSG), including the exploration of the separation of its PC business into a separate company through a spin-off or other transaction.

PSG has a proud history of innovation and technological leadership as well as a strong operating track record and industry-leading profitability. PSG is the leading manufacturer of personal computers in the world and had annual revenues of approximately $41 billion in fiscal year 2010. PSG enjoys leading global market positions in consumer and commercial PCs.

HP is implementing a plan to fundamentally transform the company. An important component of the plan is focusing its investments, resources and management attention to drive higher value solutions to enterprise, small and midsize business and public sector customers. HP believes that the exploration of alternatives for PSG will help the company accomplish its strategic goals and pursue profitable growth and enhanced shareholder value. A post-transaction HP would continue to help its customers manage the information explosion and address their most critical needs through a portfolio that spans printing, software, services, servers, storage and networking.

Quelle: Alter (2013): Strategisches Controlling

Fallbeispiel 4: Diversifikationsstrategie

Unternehmen:	Schuler AG, Göppingen, Deutschland
Branche:	Maschinenbau
Regionale Ausrichtung:	weltweit
Umsatz:	650,3 Mio. € (Geschäftsjahr 2010)
Mitarbeiter:	ca. 5.000
Homepage:	schulergroup.com

SCHULER

Ausbau Diversifizierung: Windkraft 1/3

- Entwicklung von direktangetriebenen Onshore-Windenergieanlagen (2,7 MW) für Zonen mittlerer Windgeschwindigkeiten
- Prototypenanlage geht im Herbst 2010 in den einjährigen Testbetrieb
- 2011: Zertifizierung und Beginn Produktion einer Nullserie mit sechs Anlagen
- 2013: Start Serienfertigung
- Parallel: Entwicklung einer Gondel (inkl. direktangetriebenem Antriebsstrang), die in Offshore-Windanlagen integriert werden kann (6 MW)

Quelle: Alter (2013): Strategisches Controlling

Fallbeispiel 5: Kombiniert endogen/exogene Wachstumsstrategie

Unternehmen:	Nestlé SA, Vevey, Schweiz
Branche:	Lebensmittel/Ernährung
Regionale Ausrichtung:	weltweit
Umsatz:	104,6 Mrd. CHF (Geschäftsjahr 2010, cont. oper.)
Mitarbeiter:	ca. 280.000
Homepage:	nestle.com

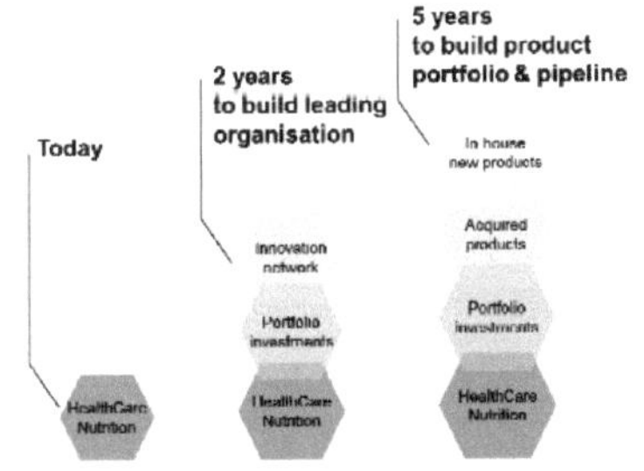

Quelle: Alter (2013): Strategisches Controlling

Fallbeispiel 6: Restrukturierung und strategische Neuausrichtung

Unternehmen:	Q-Cells SE, Thalheim, Deutschland
Branche:	Solar
Regionale Ausrichtung:	Europa, Nordamerika
Umsatz:	1.354,2 Mio. € (2010)
Mitarbeiter:	> 2.000
Homepage:	q-cells.com

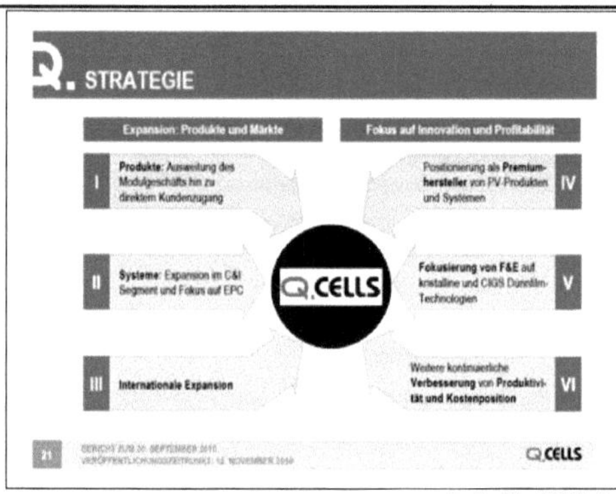

Quelle: Alter (2013): Strategisches Controlling

Fallbeispiel 7: Kostenführerschafts- und Expansionsstrategie

Unternehmen:	Lidl Stiftung & Co. KG, Neckarsulm, Deutschland
Branche:	Lebensmitteleinzelhandel (LEH)
Regionale Ausrichtung:	Europa
Umsatz:	30,9 Mrd. € (Geschäftsjahr 2008/2009)
Mitarbeiter:	ca. 81.700
Homepage:	lidl.de

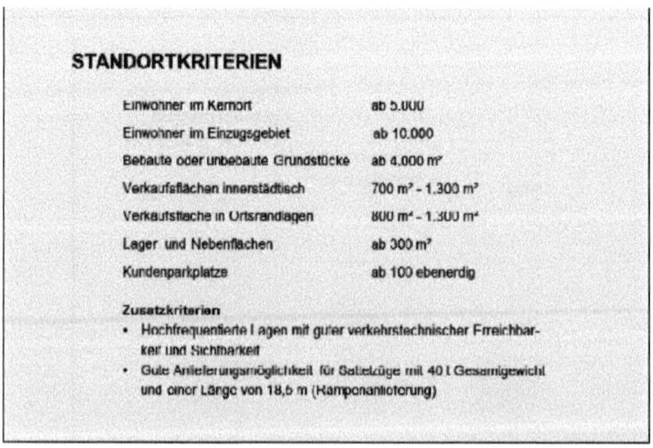

STANDORTKRITERIEN

Einwohner im Kernort	ab 5.000
Einwohner im Einzugsgebiet	ab 10.000
Bebaute oder unbebaute Grundstücke	ab 4.000 m²
Verkaufsflächen innerstädtisch	700 m² - 1.300 m²
Verkaufsfläche in Ortsrandlagen	800 m² - 1.300 m²
Lager- und Nebenflächen	ab 300 m²
Kundenparkplätze	ab 100 ebenerdig

Zusatzkriterien

- Hochfrequentierte Lagen mit guter verkehrstechnischer Erreichbarkeit und Sichtbarkeit
- Gute Anlieferungsmöglichkeit für Sattelzüge mit 40 t Gesamtgewicht und einer Länge von 18,5 m (Rampenanlieferung)

Quelle: Alter (2013): Strategisches Controlling

Fallbeispiel 8: Differenzierungs-/ Internationalisierungsstrategie

Unternehmen:	Rosenbauer International AG, Leonding, Österreich
Branche:	Feuerlöschtechnik
Regionale Ausrichtung:	weltweit
Umsatz:	595,0 Mio. € (2010)
Mitarbeiter:	ca. 2.050
Homepage:	rosenbauer.com

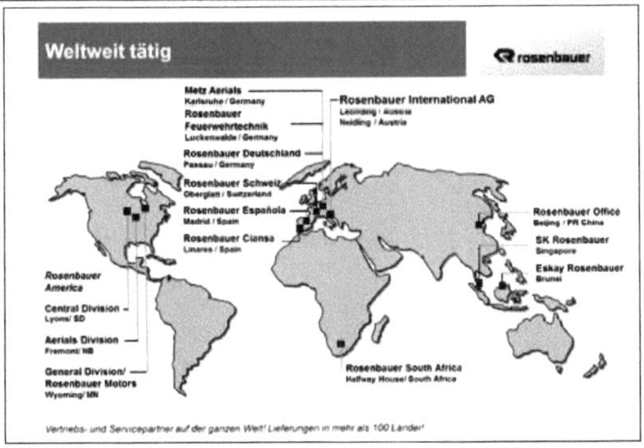

Quelle: Alter (2013): Strategisches Controlling

Fallbeispiel 9: Differenzierungsstrategie/Geschäftsmodellstrategie

Unternehmen:	Simon Hegele Gesellschaft für Logistik und Service mbH, Karlsruhe, Deutschland
Branche:	Logistik
Regionale Ausrichtung:	Deutschland (Schwerpunkt), Türkei, UK, USA
Umsatz:	ca. 200 Mio. € (2010)
Mitarbeiter:	ca. 2.000
Homepage:	hegele.de

Leistungsspektrum

- Übernahme des bereits vorhandenen Kunden-Warenbestandes
- Übernahme des operativen Einkaufs: Kauf der Ware im eigenen Namen und auf eigene Rechnung sowie Finanzierung der Ware durch die Simon Hegele Supply Chain Services GmbH & Co. KG
- Reduzierung des Warenbestandes in der Kundenbilanz: Verbesserung des Ratings, des Cashflows sowie des Working Capitals

Voraussetzungen

- Mindestvolumen des Lager-, Waren- und Ersatzteilbestandes: ab Euro 3.000.000
- Durchführung der Logistikleistungen erfolgt durch die Simon Hegele Gruppe
- Rating von mindestens BBB+

Quelle: Alter (2013): Strategisches Controlling

Fallbeispiel 10: Endogene Wachstumsstrategie

Unternehmen:	Vapiano SE, Bonn, Deutschland
Branche:	Gastronomie/Systemgastronomie
Regionale Ausrichtung:	weltweit
Umsatz:	ca. 172 Mio. € (2010, Vapiano-Gruppe)
Mitarbeiter:	ca. 6.000
Homepage:	vapiano.com

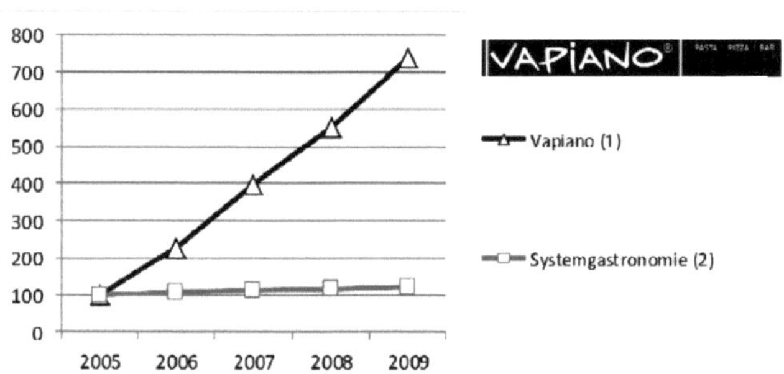

Quelle: Alter (2013): Strategisches Controlling

Fallbeispiel 11: Profit-Pool-Strategie

Unternehmen:	Rolls-Royce Group plc, London, UK
Branche:	Antriebstechnologien für Flugzeuge und Schiffe; Turbinen und Kompressoren
Regionale Ausrichtung:	weltweit
Umsatz:	10,9 Mrd. £ (2010)
Mitarbeiter:	ca. 38.000
Homepage:	rolls-royce.com

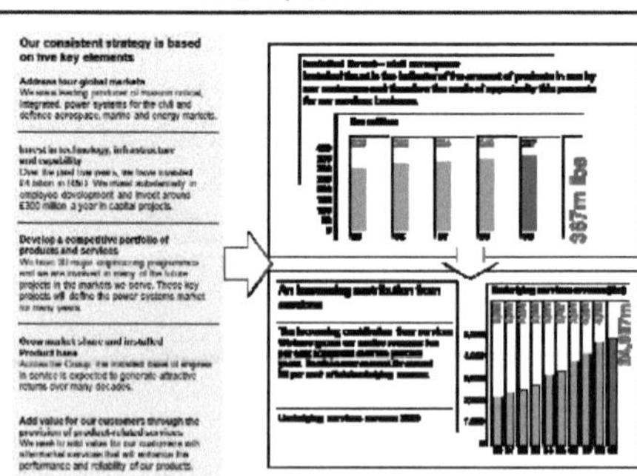

Quelle: Alter (2013): Strategisches Controlling

Fallbeispiel 12: Kooperationsstrategie

Unternehmen:	BMW AG
Branche:	Automobil
Regionale Ausrichtung:	weltweit
Umsatz:	60,5 Mrd. € (2010)
Mitarbeiter:	ca. 95.500
Homepage:	bmw.de

29.10.2009

SGL Group und BMW Group gründen Carbonfaser-Joint Venture

- Meilenstein für den Serieneinsatz von Carbonfasern in der Automobilindustrie
- Aufbau von zwei Standorten in Deutschland und Nordamerika mit 180 neuen Arbeitsplätzen
- 90 Mio. Euro Investitionsvolumen in erster Ausbaustufe
- Precursor-Joint Venture mit Mitsubishi Rayon vereinbart

Wiesbaden / München, 29. Oktober 2009 Die SGL Group (51 %) und die BMW Group (49 %) haben heute die Gründung eines Joint Ventures zur Produktion von Carbonfasern und deren Weiterverarbeitung zu Gewebestrukturen für den Automobilbau bekannt gegeben. Im Rahmen des Joint Ventures ist der Aufbau von zwei neuen Werken, in Nordamerika für die Carbonfaserproduktion und in Deutschland für die nachfolgende Verarbeitung zu Gewebestrukturen, geplant. In der ersten Ausbaustufe sind dafür Investitionen von 90 Mio. Euro für beide Produktionsstätten vorgesehen. Durch das Joint Venture entstehen über 180 neue Arbeitsplätze. In der letzten Ausbaustufe wird mit einem jährlichen Verbrauch an Carbonfasern und daraus gefertigten Gewebestrukturen von mehreren Tausend Tonnen gerechnet. Mit dem Aufbau der Produktionsstätten wird 2010 begonnen. Der Produktionsbeginn ist für die erste Hälfte des kommenden Jahrzehnts vorgesehen. Die Transaktion steht unter dem Vorbehalt der Zustimmung durch die zuständigen Kartellbehörden.

Quelle: Alter (2013): Strategisches Controlling

Bewertung von Handlungsalternativen und Strategiewahl

- „Was ist die Beste der Strategien für unser Unternehmen, wofür entscheiden wir uns?"
- Wie sind die vorliegenden Strategiealternativen im Hinblick auf unsere monetären und nicht-monetären Ziele zu bewerten?
- Welche Strategie ist am vorteilhaftesten für uns?
- Welche Instrumente nutzen wir zur Strategiebeurteilung?
- Wie können Risiken und Chancen bei der Bewertung berücksichtigt werden?

Kennzahlen als Basis des Performance Measurement

- Die Entscheidungen über die die Verwendung der finanziellen Mittel im Rahmen der getätigten Investitionen bestimmen im Wesentlichen die mittel- bis langfristige Entwicklung der Unternehmung.
- Um den Wirkungsgrad der getroffenen Entscheidungen, d.h. die aktuelle betriebliche Situation zu beurteilen, bedarf es bestimmter Messgrößen.
- Diese Messgrößen, die die Leistung eines Unternehmens messen, werden Kennzahlen oder Key Performance Indicators (KPI's) genannt.
- Das bekannteste traditionelle Kennzahlensystem ist das DuPont Kennzahlensystem.
- Zu den bekanntesten neueren Systemen zählt die Balanced Scorecard, die einen kausalen Wirkungszusammenhang zwischen den vier Perspektiven herstellt.

Kennzahlen als Basis des Performance Measurements

Basis	Definition	Zweck
Kennzahlen bauen auf - den kaufmännischen Basissystemen - der Leistungsrechnung - prozessnahen Systemen (wie etwa Betriebsdaten-erfassungssystemen). - fallweise erfassten Daten (eher als Ausnahme) auf.	Kennzahlen sind quantitative Daten, die als bewusste Verdichtung der komplexen Realität über zahlenmäßig erfassbare betriebswirtschaftliche Sachverhalte informieren sollen.	Kennzahlen dienen dazu, schnell und prägnant über ein ökonomisches Aufgabenfeld zu berichten, für das prinzipiell eine Vielzahl relevanter Einzelinformationen vorliegt, deren Auswertung jedoch für bestimmte Informationsbedarfe zu zeitintensiv und aufwändig ist.

Quelle: Weber & Schäffer (2015): Einführung in das Controlling

DuPont-Kennzahlensystem

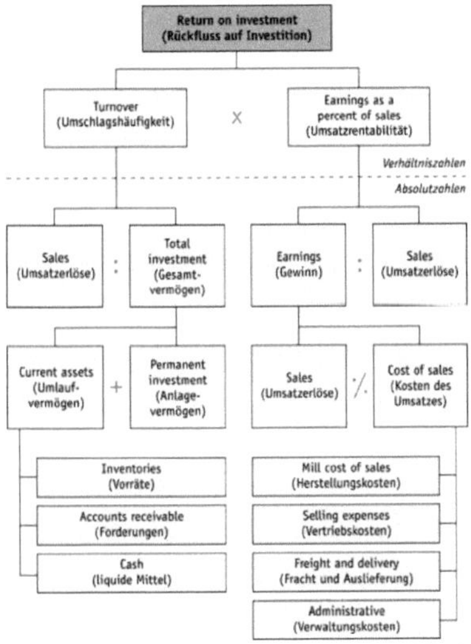

Quelle: Weber & Schäffer (2015): Einführung in das Controlling

Economic-Value-Added (EVA) Kennzahlensystem

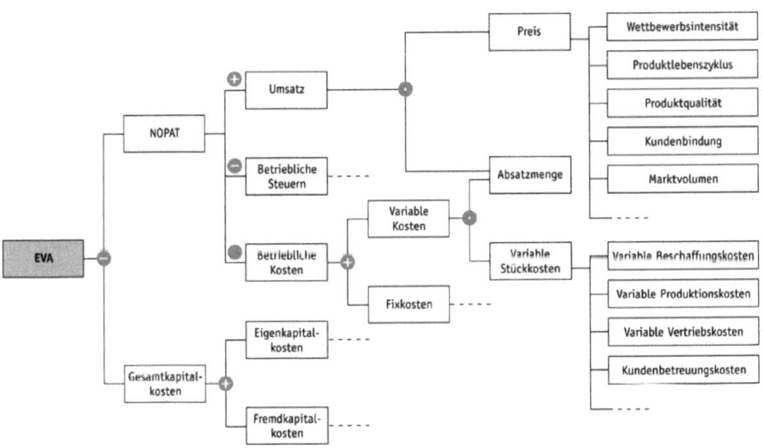

Quelle: Weber & Schäffer (2015): Einführung in das Controlling

Balanced Scorecard (BSC) nach Kaplan & Norton

- Managementsystem zur Gestaltbarkeit des Planungs-, Steuerungs- und Kontrollprozesses
- Verknüpfung von strategischen Zielen mit Kennzahlen, die sich wechselseitig verstärken
- Vernetzte mehrdimensionale Steuerungsgrößen: finanzielle Symptome werden mit den dahinterliegenden Ursachen verknüpft
- Mehr als eine Sammlung von Kernerfolgsfaktoren (KPI)

Balanced Scorecard (BSC): die vier Perspektiven

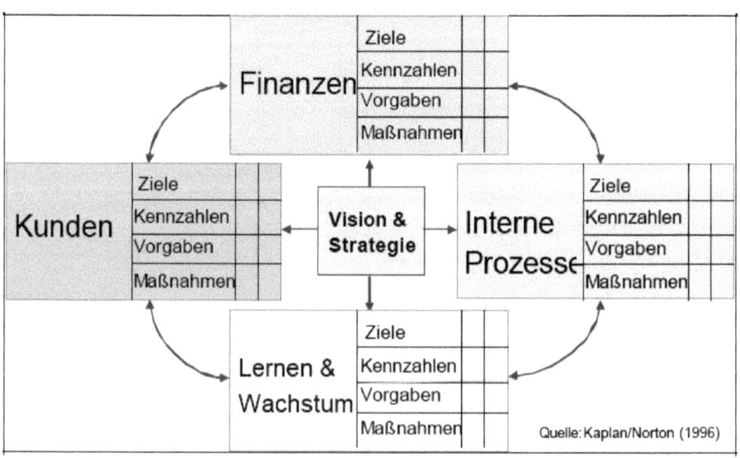

Balanced Scorecard (BSC): die vier Perspektiven

- Finanzperspektive
  - Bewirkt die gewählte Strategie eine Ergebnisverbesserung?
  - Wie hoch ist die Rentabilität?
- Kundenperspektive
  - Was leisten unsere Kunden?
  - Warum bleiben unsere Kunden treu, bzw. wandern ab?
- (Interne) Prozessperspektive

- Lern- und Entwicklungsperspektive
  - Wie können wir langfristiges Wachstum und Verbesserung erreichen?
  - Wie können wir unsere Mitarbeiter, Systeme und Prozesse zu Höchstleistungen bringen?

Beispiel Balanced Scorecard

Perspektiven	Strategische Ziele	Messgrößen
Finanzielle Perspektive Welche Zielsetzungen leiten sich aus den finanziellen Erwartungen unserer Kapitalgeber ab?	CFROI deutlich steigern	CFROI
	Konkurrenzfähige Kostenstruktur aufbauen	% Gesamtkosten vom Umsatz % Vertriebs- und Verwaltungskosten
	Internationales Wachstum vorantreiben	Gesamtumsatz % Umsatz nicht EU/nicht USA
Kundenperspektive Welche Ziele sind hinsichtlich Struktur und Anforderungen unserer Kunden zu setzen, um unsere finanziellen Ziele zu erreichen?	Affordable but good: Einfachgeräte am Markt positionieren	Marktanteil im Massensegment Bewertungsindex Händler
	Excellence in copying im Hochpreissegment	Marktanteil im Hochpreissegment Imagewerte Zielkunden
	Funktionssicherheit erhöhen	Anzahl Störfälle
	Kundenbetreuung aktiver gestalten	Wiederverkaufsquote Besuche/Zielkunde

Quelle: Weber & Schäffer (2015): Einführung in das Controlling

Beispiel Balanced Scorecard

Perspektiven	Strategische Ziele	Messgrößen
Prozessperspektive Welche Ziele sind hinsichtlich unserer Prozesse zu setzen, um die Ziele der Finanz- und Kundenperspektive erfüllen zu können?	Produkte standardisieren	Gleichteilekosten in Relation zu den gesamten Materialkosten
	Synergien nutzen	Personalkosten in % vom Umsatz Synergiebericht
	Fertigungstiefe an Kernkompetenzen anpassen	Kerntechnologiequote
	Interne Kundenorientierung erhöhen	Schnittstellenbefragungsindex
Potentialperspektive Welche Ziele sind hinsichtlich unserer Potentiale zu setzen, um den aktuellen und zukünftigen Herausforderungen gewachsen zu sein?	Entwicklungskompetenz steigern	Assessmentwerte (durch F & E, Vertrieb, Produktion, Management)
	Neue Medien nutzen	Bestellvorgänge über Internet
	Mitarbeitermotivation erhöhen	Austritte von Key Employees Mitarbeiterbefragungswerte

Ursache-Wirkungsbeziehung Balanced Scorecard

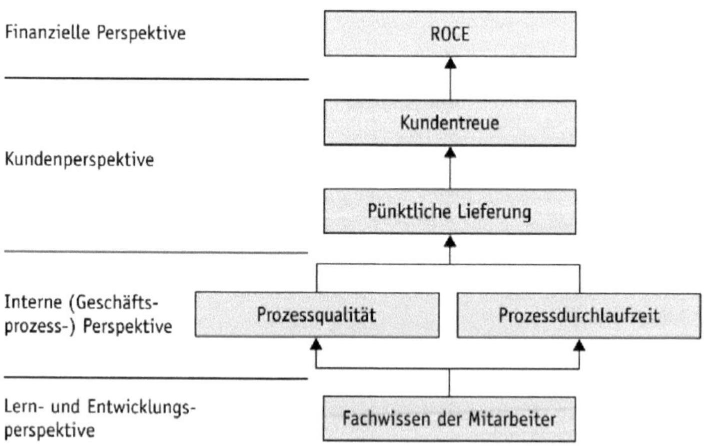

Strategieimplementierung

- Wandlungsprozesse im Vordergrund
- Spezielle Problemfelder der Strategieimplementierung
  - Top-Management-Commitment und Vertrauen als Grundlage
  - Klare und dokumentierte Ziele
  - Strategiegerechte Personen und Organisation
  - Flankierende Führungssysteme
  - Einsatz von Projektmanagement und Fachdisziplinen (inkl. Kommunikation)
  - Operative Maßnahmenplanung

Wandlungsprozess

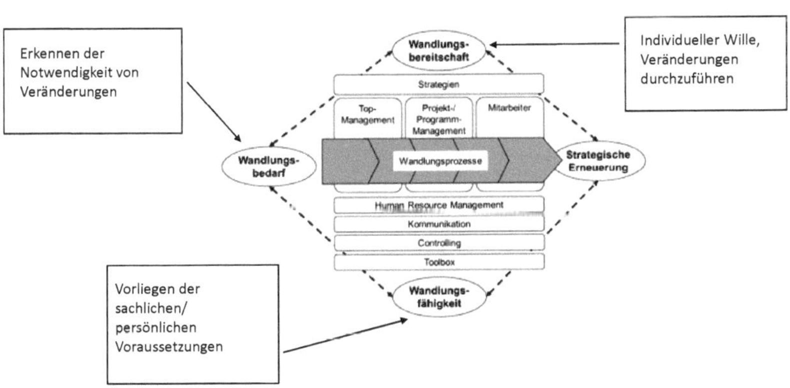

Quelle: Alter (2013): Strategisches Controlling

Top-Management-Commitment und Vertrauen als Grundlage

- Sichtbares Commitment – Willensdurchsetzung im Führungsprozess
- Völliges Fehlen – Umsetzung unwahrscheinlich
- Commitment wird nicht wahrgenommen
- Halbherzigkeiten
- Erodierung des Vertrauens der Mitarbeiter
- Bereitschaft für Veränderungen werden negativ beeinflusst

Klare und dokumentierte Ziele

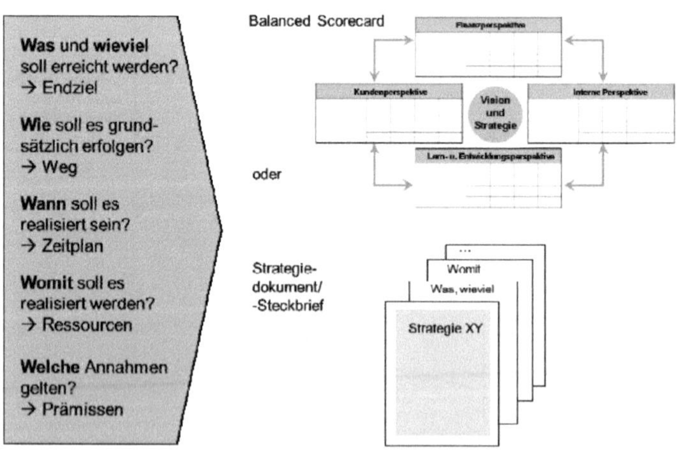

Quelle: Alter (2013): Strategisches Controlling

Strategiegerechte Personen

- Besitzt das Unternehmen die erforderlichen Schlüsselpersonen?
- Sind neue Mitarbeiter für die Umsetzung der Strategie notwendig?
- Collins: die "richtigen" Personen müssen schon die Strategie (mit-)entwickeln, sonst wird die Umsetzung gefährdet

Organisationsentwicklung

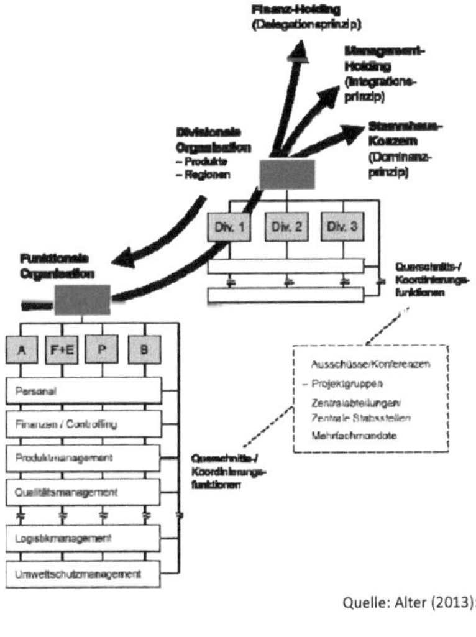

Quelle: Alter (2013): Strategisches Controlling

Anreizsysteme

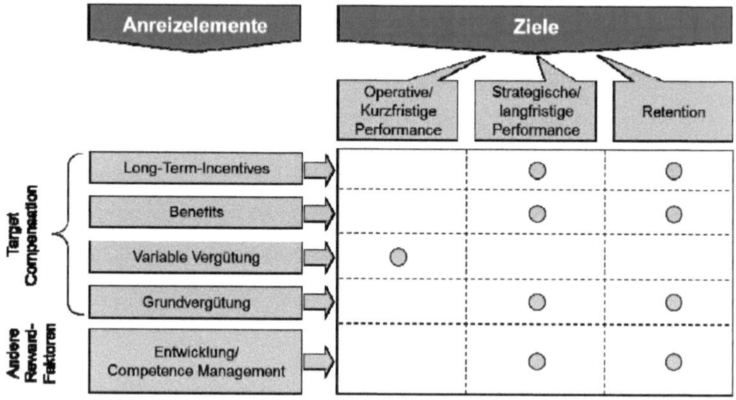

Quelle: Alter (2013): Strategisches Controlling

Einsatz von Projektmanagement-Teams

- Die Realisierung strategischer Vorgaben erfolgt oft in Form von Projekten
- In der Projektorganisation muss das Top-Management vertreten sein (i.d.R. im Steering Committee)
- Die Kommunikation stellt einen wesentlichen Erfolgsfaktor dar

Operative Maßnahmenplanung

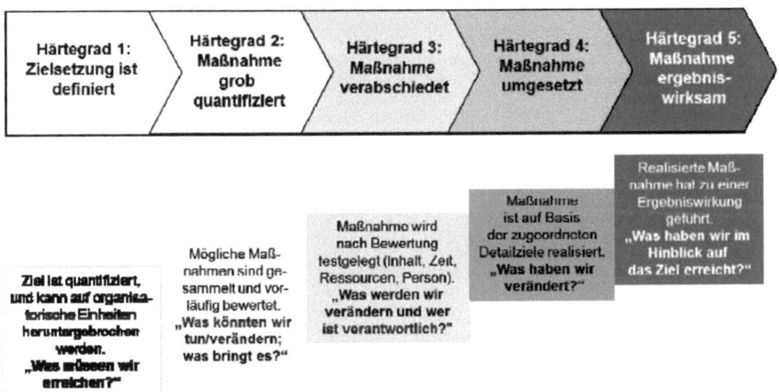

Quelle: Alter (2013): Strategisches Controlling

Strategische Kontrolle

- Wird/ Ist-Kontrolle
- Kontrolle anhand von Meilensteinen
- Kontrolle anhand von Meilenstein-Trend Analysen
- Analyse der Leistung mittels des Earned-Value-Konzeptes
- Erkennen von Trends und Status mit dem Implementierungs-Cockpit

Wird-/Ist-Kontrolle

Externe Prämissen		Interne Prämissen
Generelle Umwelt - Wirtschaftswachstum - Gesetzeslage - Internationaler Handel - Internationaler Kapitalfluss - …	**Branche – Markt/Kunden** - Marktgröße-Stück - Marktgröße-EUR - Kaufentscheidende Kriterien - Lebenszyklusdauer des Produktes - Kundenstruktur - …	**Eigentümererwartung** - Rendite - … **Personelle Ressourcen** - Eignung - Verfügbarkeit - … **Technische Ressourcen** - Eignung - Verfügbarkeit - …
Branche – Konkurrenz - Wettbewerberstruktur - Strategie der Wettbewerber - Eintritt neuer Wettbewerber - …	**Branche – Lieferanten** - Lieferantenstruktur - Rohstoffverfügbarkeit/-preise - … **Branche – Banken** - Zinssatz FK - Kreditvolumen - …	**Finanzielle Ressourcen** - Cashflow aus lfd. Geschäft - … **Strukturen und Systeme** - Eignung zur Strategieumsetzung - …

Quelle: Alter (2013): Strategisches Controlling

Kontrolle anhand von Meilensteinen

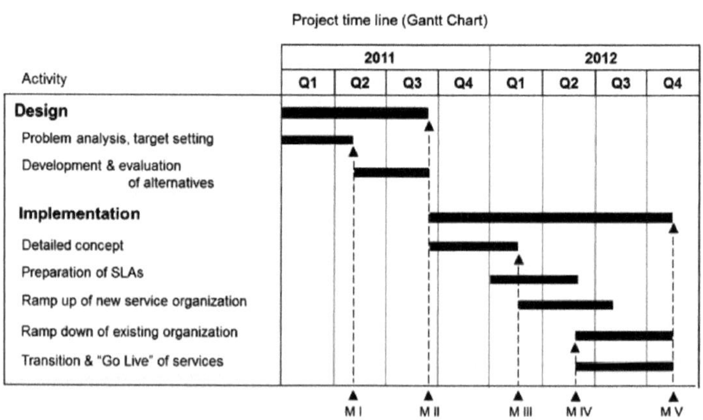

Quelle: Alter (2013): Strategisches Controlling

Kontrolle anhand von Meilenstein-Trend-Analysen

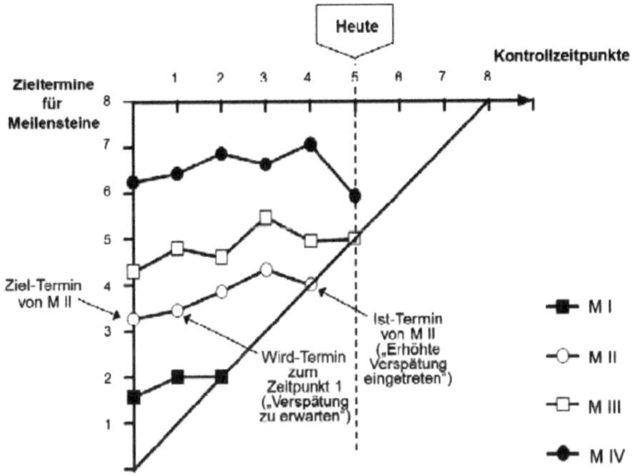

Quelle: Alter (2013): Strategisches Controlling

Analyse der Leistung mittels des Earned-Value-Konzeptes

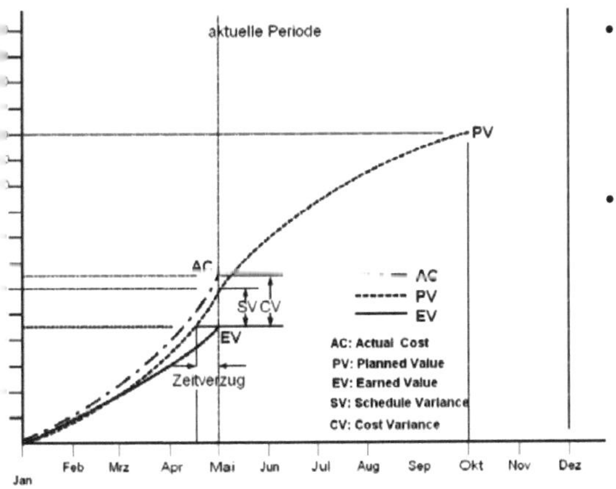

- Analyse der Kostenentwicklung (ähnlich Plankostenrechnung)

  CPI < 1 Kostenüberschreitung
  CPI > 1 Kostenunterschreitung

- Externer Wertbezug fehlt, Name nicht glücklich gewählt

	Bezeichnung	Bedeutung
PV	Planned Value	Plankosten = Planpreis * Planmenge
AC	Actual Cost	Ist-Kosten = Ist-Preis * Ist-Menge
EV	Earned Value	Soll-Kosten = Planpreis * Ist-Menge (bewertete Ist-Menge)
CV	Cost Variance	Kostenabweichung CV = EV - AC
SV	Schedule Variance	Zeitabweichung SV = EV - PV
CPI	Cost Performance Indicator	Kostenindikator CPI = EV/AC
SPI	Schedule Performance Indicator	Zeitindikator SPI = EV/PV
BAC	Budgeted Cost at Completion	geplante Kosten bei Fertigstellung
EAC	Estimation at Completion	voraussichtliche Gesamtkosten bei Fertigstellung

Quelle: Alter (2013): Strategisches Controlling

Erkennen von Trends und Status mit dem Implementierungs-Cockpit

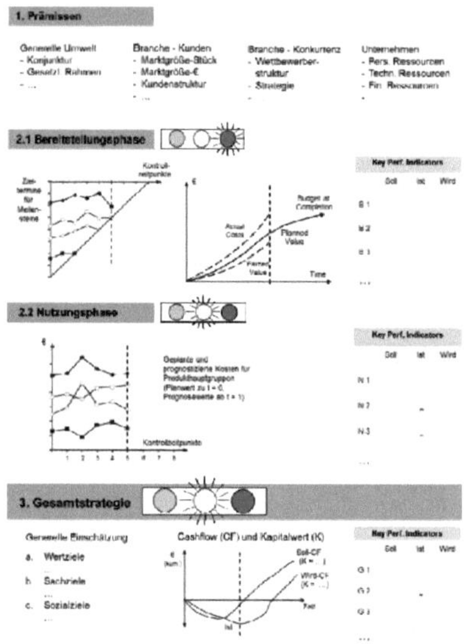

Quelle: Alter (2013): Strategisches Controlling

Risikomanagement

- Grundsätzliches zu Risiko und Enterprise-Risk-Management (ERM)
  - Mögliche Angriffsflächen für Risiken
  - Gesetzliche Bestimmungen und Rahmenwerke
  - Anforderungen an das Risikomanagement
- Prozess des Risikomanagements
  - Faktoren der Risikopolitik
  - Risikoidentifizierung und –bewertung
  - Risikohandhabung
  - Risikokontrolle

Mögliche Angriffsflächen

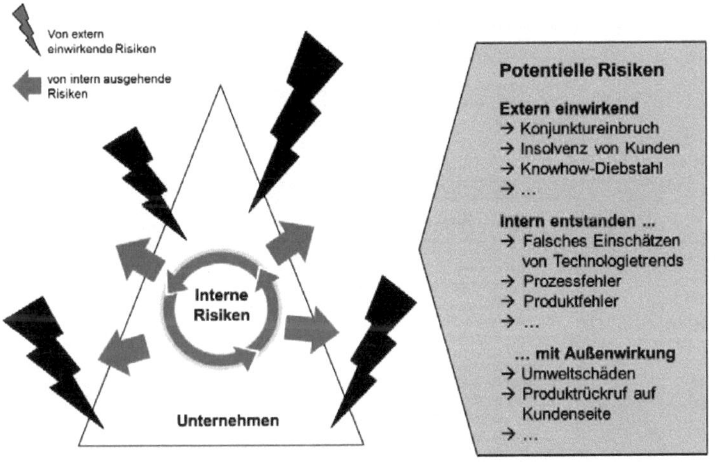

Quelle: Alter (2013): Strategisches Controlling

Gesetzliche Bestimmungen und Rahmenwerke

- Deutschland: KonTraG (Gesetz zur Kontrolle und Transparenz im Unternehmersbereich)
- USA: Sarbanes-Oxley-Act
- International: Regeln für EK-Hinterlegung bei Banken – Basel II/III
- ISO 31000 - definiert zentrale Merkmale eines integrierten Risikomanagement
- COSO-Framework (Committee of the Sponsoring Organizations of the Treadway Commission, 1985)

Anforderungen an das Risikomanagement

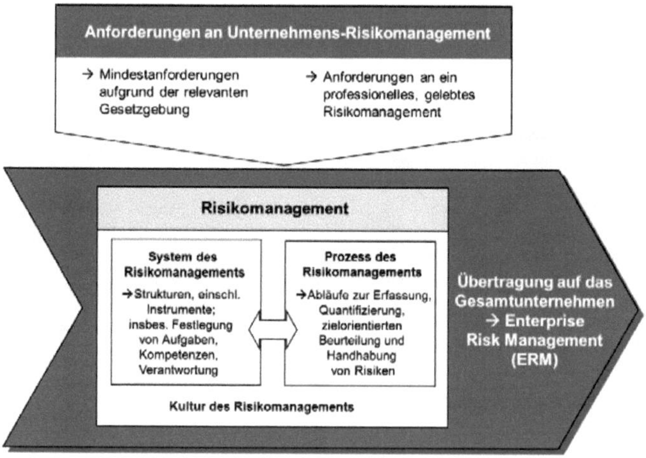

Quelle: Alter (2013): Strategisches Controlling

Faktoren der individuellen Risikopolitik

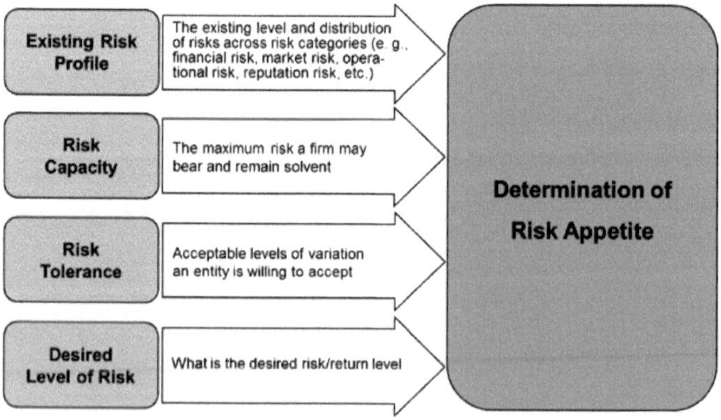

Quelle: Alter (2013): Strategisches Controlling

Risikoidentifizierung und -bewertung

Strategische Risiken	Marktrisiken	Finanzmarktrisiken	Risiken aus Compliance & Corp. Governance	Supply Chain Risiken/ Leistungsrisiken	Außerordentliche und spezielle operationelle Risiken	
1 Geschäftsfelderstruktur und Portfoliorisiken	1 Markttrends	1 Zinsrisiken	1 Rechnungslegung, Vollständigkeit und Einhaltung von Standards	1 Akquisition und Vertriebsprozesse	1 Kalkulationsrisiken bei Projekten und langen Vertragslaufzeiten	9 Planungs-, Prognose- und Frühwarnsysteme
2 unsichere Prämissen und Konsistenz der Strategie	2 Struktur der Wettbewerbskräfte	2 Währungsrisiken	2 Internes Kontrollsystem und Umsetzung von Legal Compliance	2 Angebote, Kalkulation, Preissetzung	2 Ausfall zentraler Produktionskomponenten	10 F&E Prozesse und technologische Risiken
3 Gefährdung kritischer Erfolgsfaktoren und strategischer Ziele	3 Einführungsrisiken (z.B. neue Produkte)	3 Wertschwankungen bei Wertpapieren (UV)	3 Unternehmenskultur und Risikokommunikation	3 Einkaufs- und Eingangslogistik, Lieferantenwahl	3 Schwankungen der sonstigen Kosten	11 Datensicherheit
4 Finanzstruktur (insbes. Eigenkapitalquote und Kundenstruktur)	4 Abhängigkeit von einzelnen Kunden	4 Risiken aus Einsatz von Derivaten	4 Investor Relationship und Public Relationship	4 Auftragsplanung	4 Schwankung der Personalkosten	12 IT-Verfügbarkeit
5 M&A-Risiken Beteiligungswerte	5 Abhängigkeit von Lieferanten	5 Forderungsausfälle	5 Früherkennungs- und Anreizsysteme	5 Service und Lieferfähigkeit	5 Ausfall Schlüsselpersonen	13 Arbeitssicherheit
6 Megatrends und Trendrisiken, Chancen und Gefahren	6 Bedrohung von Marktposition und Wettbewerbsvorteilen	6 Wertschwankungen von Beteiligungen, Impairmentrisiko	6 Zielkongruenz ökonomischer Entscheidungsregeln	6 Ausgangslogistik	6 Sachanlagenschäden (z.B. durch Feuer)	14 Umweltrisiken
	7 Markteintritt neuer Wettbewerber	7 Immobilien und sonstige Asset Klassen	7 Führungsstil, Betriebsklima und Motivation	7 Abrechnung/Faktura	7 Markenrisiken/ Imagerisiken	15 Vorteilsnahme, Untreue, Fraud und Betrug
	8 Absatzmengenschwankungen	8 Finanzielle Stabilität, Rating und Liquidität (Kreditlinie, Covenants)	8 Rechtliches und politisches Umfeld	8 Lieferantenausfall	8 Wirtschafts-, [illegible] kriminelle Aktivitäten, Sicherheitsorganisation	16 Allgemeine Haftpflicht
	9 Absatzpreisschwankungen		9 Sonstige organisatorische Risiken (Strukturen, Prozesse)	9 spezielle Projektrisiken		17 Produkthaftung
	10 Beschaffungsmarktrisiken (Materialkosten, [illegible])		10 Konventionalstrafen, Bürgschaften oder andere Vertragsrisiken			18 Managementrisiken/ Entscheidungsrisiken

Quelle: Alter (2013): Strategisches Controlling

Risikoidentifizierung und -bewertung

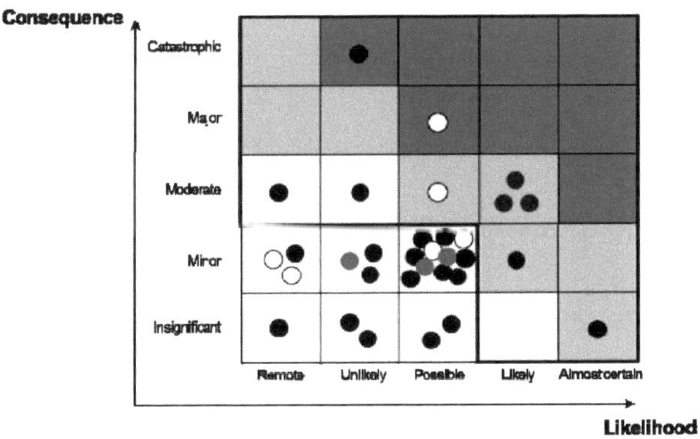

Wahrscheinlichkeiten, oft als Eintrittshäufigkeit in Jahren, z.B.

Häufig:	Eintritt in 2 Jahren
Möglich:	Eintritt in 5 Jahren
Selten:	Eintritt in 10 Jahren
Sehr selten:	Eintritt in 33 Jahren
Unwahrscheinlich:	Eintritt in 100 Jahren

Quelle: Alter (2013): Strategisches Controlling

Risikohandhabung

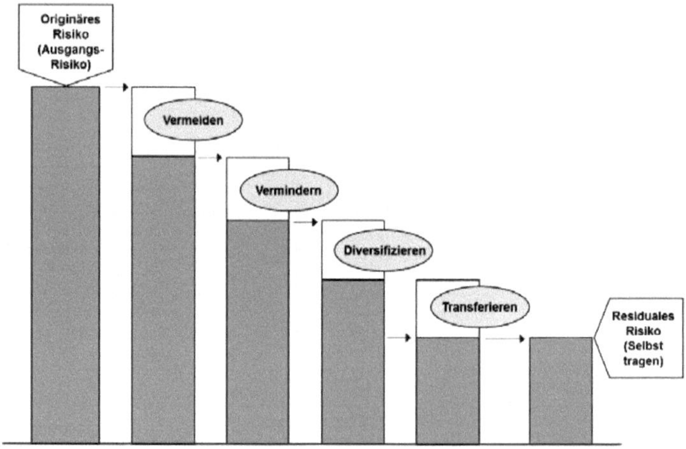

Quelle: Alter (2013): Strategisches Controlling

Risikokontrolle

- Gestaltungsempfehlung für die Kommunikation / Risiko-Reporting
  - Darstellung der Gesamt-Risikoposition
  - Fokus auf Hauptrisiken
  - Umsetzungsorientierung
    (siehe auch Instrumente der Strategieimplementierung und -kontrolle)